KB123288

이종필 교수의 인터스텔라

이종필 교수의 인터스텔라

──────── 쉽고 재미있는 우주론 강의 ────────

ⓒ 이종필, 2014. Printed in Seoul, Korea.

초판 1쇄 펴낸날 2014년 12월 10일 | **초판 7쇄 펴낸날** 2022년 5월 20일

지은이 이종필 | **그린이** 김명호 | **펴낸이** 한성봉
편집 안상준·강태영 | **디자인** 김숙희 | **마케팅** 박신용 | **경영지원** 국지연
펴낸곳 도서출판 동아시아 | **등록** 1998년 3월 5일 제1998-000243호
주소 서울시 중구 퇴계로30길 15-8 [필동1가 26]
페이스북 www.facebook.com/dongasiabooks | **전자우편** dongasiabook@naver.com
블로그 blog.naver.com/dongasiabook | **인스타그램** www.instargram.com/dongasiabook
전화 02) 757-9724, 5 | **팩스** 02) 757-9726

ISBN 978-89-6262-090-0 03400

이종필 교수의 인터스텔라

─────── 쉽고 재미있는 우주론 강의 ───────

이종필 지음 | 김명호 그림

동아시아

차례

프롤로그

금요일의 전화,
그리고 시사회

"〈인터스텔라〉… 보실 거죠?"

전화기 너머로 들려오는 출판사 한 사장님의 이 목소리에서 나는 용건이 무엇인지 짐작할 수 있었다. 10월 말의 어느금요일이었다.

금요일에는 늘 바쁘다. 오후 2시부터 75분 수업이 연강으로있기 때문이다. 강의 슬라이드를 한 번이라도 더 보고, 참고자료를 한 번이라도 더 뒤적여봐야 여유롭게 수업을 진행할수 있다. 그래서 점심도 최대한 빨리 먹는다. 강의하면서 들이킬 커피라도 한 잔 사오려면 부지런히 움직여야 한다.

마침 이날 12시에 회의가 있었다. 내가 지금 연구교수로 재직 중인 고려대학교는 이공계 캠퍼스와 인문계 캠퍼스가 나뉘어 있다. 내 연구실은 이공계 캠퍼스 제2공학관에 있고 회의가 열리는 대학본부 건물은 인문계 캠퍼스에 있다. 빠른 걸음으로 15분 정도 걸린다. 안암역 사거리를 지나 인문계 캠퍼스에 들어선 뒤 국제관을 지났을 무렵에 한 사장님과 통화를 하게 되었다.

통화는 회의실에 앉아서까지 계속되었다. 점심을 겸한 회의라 탁자 위에는 도시락이 놓여 있었다. 회의가 시작될 때까지 잠깐 여유가 있어서 도시락을 만지작거리며 통화를 이어갔다.

"마침 다음 주 화요일 그 영화 시사회에 가기로 돼 있어서 참 다행입니다. 일단 영화를 보고 나서 책을 낸다면 어떻게 내는 게 좋을지 다시 얘기해보시죠."

전화를 끊고 나서 한동안은 회의 안건보다 〈인터스텔라〉에 정신을 뺏겨 있었다. 우주여행을 한다는 영화의 대략적인 내용은 알고 있었지만 구체적인 스토리는 여전히 알 길이 없었고 과학적인 내용이 얼마나 많이, 또 자세하게 들어가 있는지도 짐작할 수 없었다. 간간이 외신을 통해 "아주 대단한 영화"라는 소문만 들릴 뿐이었다.

며칠 전에는 SNS에 누가 〈인터스텔라〉의 제작과정을 다룬 동영상을 올렸다. 미국 캘리포니아공과대학교의 중력 전문가인 킵 손 교수가 영화제작에 깊숙이 관여했으며, 특히 블랙홀을 영화 속에서 굉장히 사실적으로 묘사했다는 내용이었다. 이런 조각들을 퍼즐마냥 끼워 맞춰보면 영화의 대략적인 그림을 그릴 수는 있었다. 그리고 이 영화를 소재로 과학이야기를 한다면 어떤 주제를 다루어야 할 것인지도 어렴풋이 짐작할 수 있었다. 그래도 역시 영화를 보기 전까지는 뭐라 딱 집어서 말하기는 참 어렵다. 킵 손이 과학적인 내용을 얼마나 많이 집어넣었을까, 크리스토퍼 놀란 감독은 또 그것을 얼마나 정확하고도 재미있게 그리고 사실적으로 구현했을까?

도시락 내용물은 생선회초밥이었다. 포장을 해체하고 동봉된 간장에 고추냉이를 풀면서, 나는 통화 막판에 했던 말을 다시 떠올려보았다.

"크리스토퍼 놀란 감독이라면 뭐… 기본적으로 흥행역량이 있
는 분이니까요. 한번 믿어봐야겠죠?"

그래, 일단은 영화를 보고 다시 생각해보자. 놀란 감독이
누구인가. 그가 만든 〈다크 나이트〉는 내가 최고로 꼽는 걸작
중 하나가 아니던가.

초밥 위에 올라간 두툼한 생선회가 밥 뭉치보다 두 배는 길
어 보였다. 밥을 덮고도 남은 생선회로 초밥 아래쪽을 말아
올려 간장을 살짝 찍은 뒤에 입에 넣었다. 간장이 밴 두툼한
생선살이 터지는가 싶더니 초밥 위에 올린 고추냉이의 톡 쏘
는 매운맛이 입가에 감돌았다. 그 입가에는 나의 미소도 함께
감돌았다.

'이것 참 재미있군.'

이번 학기 나의 강의는 주로 입자물리학과 우주론에 관한
내용이었다. 이 세상에서 가장 작은 물리적 대상과 가장 큰
물리적 대상을 함께 강의하는 것이다. 입자물리학이 전공인
나는 지금 물리학과가 아닌 공과대학의 전기전자공학부에서

대학원 수업을 하고 있다. 나를 고용한 BK사업단(공식 명칭은 꽤 길다. BK21플러스 휴먼웨어 정보기술사업단)의 주요 목표 중 하나가 학제 간 융합교육이어서 내가 공대생들에게 현대물리학의 방법론과 성과를 가르치게 된 것이다. 1학기에는 현대물리학의 두 기둥이라고 할 수 있는 상대성이론과 양자역학을 주로 강의했었다.

  입자물리학을 전공했고 지금도 그와 관련된 연구를 하고 있는 내 입장에서는 우주론을 강의하는 것이 쉽지는 않았다. 그렇다고 해서 현대물리학을 강의하는데 우주론을 뺀다는 것은 있을 수 없는 일이다. 지금은 고등학교에서도 융합과학이라는 이름으로 빅뱅 우주론부터 가르치지 않는가. 다행히 우주론과 입자물리학은 그 거리가 아주 멀지는 않아서 우주론의 기본은 입자물리학자들도 필수교양 정도로 익혀야 하는 분위기가 있다. 요즘에는 입자물리학과 우주론의 성과가 서로 상호침투하면서 영향을 주고받기 때문에 이런 분위기는 한동안 계속될 듯하다. 그래서 나도 우주론 교과서나 개괄논문을 몇 편 공부하기도 했었다.

  마침 다음 주는 우주론 두 번째 강의가 있는 날로, 현대 우주론의 핵심 방정식이라고 할 수 있는 프리드만 방정식을 중심으로 해서 표준우주론으로 불리는 FLRW_{Friedmann-Lemaitre-} _{Robertson-Walker} 우주론을 강의할 예정이었다(전화를 하던 날 수업은 일종의 특강 형식으로, 글쓰기와 발표에 관한 수업을 진행했다).

내가 초밥을 입에 물고 미소를 지은 까닭은 우주론 강의 때문이라기보다 이번 학기 중간고사를 대신해서 부과한 과제물 때문이었다. 이번 학기의 과제명은 '안드로메다은하 탐사선을 설계하라'였다. 형식이나 분량은 자유이다. 이렇게 우주선을 만들면 안드로메다를 탐사할 수 있다는 생각이 들게끔 보고서를 내면 높은 점수를 받는다. 우수작은 학기 말에 공개발표를 할 예정이다.

이런 과제를 낸 이유는 학생들에게 교과서적인 정답이 없는 과제에 부딪혀볼 기회를 주고 싶었기 때문이다. 그래도 안드로메다 탐사선은 비교적 현실적인 과제이다. 1학기의 과제물은 '미션 임파서블' 카테고리였다. "타임머신을 설계하라."

몇몇 학생들은 톡톡 튀는 아이디어로 흥미로우면서도 그럴듯한 설계도를 내놓았지만, 대부분의 학생들은 '정답 찾기'의 일환으로 과제물을 제출했다. 내 딴에는 제발 그러지 말라는 뜻에서 정답이 아예 있을 수 없는 타임머신 제작을 과제로 내

걸었는데, 그것이 오히려 학생들의 상상력의 발목을 잡은 모양이다.

　본문에서 곧 보게 되겠지만 상대성이론에 따르면 상대적인 운동 상태에 따라 시간과 공간이 무시로 변한다. 그래서 타임머신 제작은 상대성이론 수업과 잘 어울리는 면이 있다. 같은 맥락에서, 안드로메다 탐사선은 이번 학기 우주론 강의와 잘 어울린다. 안드로메다는 지구에서 약 250만 광년 떨어져 있다. 현대 우주론의 발전에도 나름 역할을 한 은하이다. 때마침 〈인터스텔라〉 개봉이라니! 소 뒷걸음치다가 쥐 잡은 격이긴 해도, 전혀 예상하지 못한 나의 놀라운 무당기에 저절로 미소가 번졌다.

　초밥을 물고 미소를 지었던 이유는 하나 더 있었다. 옆에 앉은 교수님은 다이어트 중인지 밥은 그대로 두고 위에 놓인 생선회만 골라 먹었다. 발가벗긴 채 남겨진 밥알 뭉치는 열과 오를 맞춰 가지런히 놓여 있었다. 마치 영화 〈매트릭스〉에 나오는 인간 인큐베이터 같았다. 처음 보는 장관이었다.

　2시 수업 때문에 회의 중간에 나와 왔던 길을 되짚어 강의실로 뛰었다. 몸도 마음도 무척 바빴던 10월 말의 어느 금요일, 우리의 〈인터스텔라〉 프로젝트는 그렇게 시작되었다.

그다음 주 화요일 예정대로 〈인터스텔라〉 시사회에 갔다. 〈딴지일보〉에서 파토라는 필명으로 이름이 높은 원종우 씨가 대표로 있는 '과학과 사람들'에서 마련한 자리였다. 도심 멀티플렉스의 아이맥스 영화관이라 기대감이 더 높았다. 전날부터 미국에서의 시사회 반응과 한국에서의 언론인 시사회 반응이 계속 올라오고 있었다. 모두가 호평 일색이었다. 그것도 보통의 호평이 아니라 최고의 찬사가 담긴 반응이었다. 영화관 입구에서는 수입업체 직원들이 나와 관객들 휴대전화의 카메라에 일일이 스티커를 붙였다.

　문득 영화 〈그래비티〉가 떠올랐다. 〈그래비티〉도 '과학과 사람들'이 마련한 시사회에서 봤었다. 갑자기 내가 발 딛고 있는 땅이 꺼지고 텅 빈 우주공간을 정처 없이 헤매는 느낌, 〈그래비티〉를 봤을 때의 느낌을 나는 아직 고스란히 갖고 있었다. 그렇다면 이번에는 내가 직접 우주선을 타고 시공간을 가로질러 머나먼 은하까지 신나게 우주여행을 하는 경험을 하게 될까? 블랙홀을 기가 막히게 묘사했다는데, 내가 그 속으로 빨려 들어가는 아찔한 순간을 맛보게 될까? 아니면 일반상대성이론의 핵심이라고 할 수 있는 아인슈타인의 중력장 방정식이 멋들어지게 등장할까? 새로운 풀이방법이 잠깐 소개되기라도 하는 것일까? 오만 궁금증이 커지는 가운데 영화관의 불은 꺼지고 거의 3시간에 가까운 우주여행이 시작되었다.

영화 보는 내내 나는 중요한 포인트들을 기록하기 위해 스마트폰을 꺼내서 메모했다. 스마트폰 불빛이 밝아 뒷자리 관객이 뭐라 해서 스마트폰 조명을 잔뜩 줄이고 도둑질하듯 메모를 남겼다. 이 영화로 과연 책을 낼 수 있을까, 낸다면 어떤 내용을 담아야 할까 하는 고민을 잔뜩 안고 관람석에 앉은 탓에 여느 때와 같이 편한 마음으로 영화를 감상하지는 못했다. 이 영화에 들어간 과학적 소재나 내용들이 이치에 맞는 것들인지, 지금 현재의 과학 수준에서 충분히 납득할 만한지, 그러면서도 놀라운 상상력으로 우주의 신비를 구현했는지 등과 같은 다분히 직업적인 요소들에 집중할 수밖에 없었다.

이런 영화나 드라마가 나오면 이른바 '옥에 티'를 얼마나 많이 찾느냐 하는 것이 마치 과학자의 능력을 측정하는 일종의 수능시험처럼 작용하는 경우가 있다. 그래서 나도 한두 개의 이야깃거리는 갖고 있어야겠다는 강박관념에서 전혀 자유로울 수는 없었다. 다행히 (놀란 감독에게는 불행이겠지만) 나도 체면치레할 정도의 건수를 챙겼다.

영화가 끝난 뒤에는 서울SF아카이브 박상준 대표와 카이스트 정재승 교수의 과학토크쇼가 이어졌다. 박상준 대표는 한국의 SF계를 대표하는 인물로서 SF비평 분야의 독보적인 인물이다. 정재승 교수는 두말이 필요 없는 한국의 대표적인 과학저술가이며 뇌과학 전문가이다. 둘 다 다른 관객들과 마찬가지로 이 영화를 방금 처음 봤을 터인데 어쩜 그렇게 말을 잘하는지 놀라웠다. 나의 생각을 정리하는 데에도 도움이 되었다.

밤 10시가 다 돼서야 모든 공식행사가 끝났다. 행사 주최 측과 몇몇 사람들이 뒤풀이를 한다고 나섰다. 전날 밤에도 다른 모임으로 밤늦게 귀가한 탓에 몸이 많이 피곤했지만, 그래도 뒤풀이 자리에 가야 영화에 대해 많은 이야기를 들을 수 있겠다 싶어서 나도 따라 나섰다.

영화평은 대체로 좋았다. 꼭 그런 것은 아니지만 특히 여자들의 반응이 더 좋았다. 그냥 우주로 날아다니는 것만으로도 좋고, 저렇게 광활한 우주와 블랙홀이 우리 눈앞에 떡하니 서 있는 것 자체로 좋았다고 한다. 이 분야 전문가라고 할 수 있는 서울대 물리천문학부의 윤성철 교수도 호평이었고, 천체

망원경 관련 사업을 하는 박순창 대표도 칭찬을 쏟아냈다.

　반면 소백산 천문대의 성언창 박사는 좀 떨떠름한 표정이었다. 크리스토퍼 놀란 감독의 동생인 조나단 놀란이 이 작품을 위해 수년 동안 대학에서 물리학 강의를 들었다는 일화에 빗대어, 성언창 박사는 그보다 천문학 강의를 좀 더 열심히 들었어야 했다는 논평을 남겼다. 왜 그렇게 생각하는지 구체적인 이야기는 듣지 못했다. 나중에 안 일이지만 그 자리에 있었던 김창규 SF작가도 다소 부정적인 평가를 내놓았다. 김창규 작가는 2014 SF어워드 대상을 수상한 작가이다. 나는 그의 의견을 SNS를 통해 알게 되었다. 스토리의 짜임새가 좀 실망스러웠던 모양이다. 뒤풀이 자리에 모인 사람들은 대체로 호평이 우세했으나 흥행 여부에 대해서는 신중한 입장이었다. 관객 1,000만이 넘는 초대박 흥행을 하지는 못할 것이라는 의견이 대부분이었다.

　나 자신의 영화평은 9장에서 자세히 소개할 예정이다. 그날 내가 느낀 점은, 호평이든 악평이든 사람들이 앞으로 이 영화를 두고 계속 이야기를 해나갈 것이라는 점이었다. 다른 사람들도 호평과 악평을 떠나 여기에 대해서는 모두 비슷한 생각들이었다. 그렇게 예상한 데에는 영화에 나오는 과학적 내용이 결코 쉽지 않다는 사실도 한몫했다. 이날 사람들의 분위기는 내가 마음을 최종적으로 굳히는 데에 큰 역할을 했다.

이튿날은 선배들과 함께 건국대학교에서 정기적으로 물리 논문작업을 하는 날이었다. 학생회관에서 1,500원짜리 아메리카노를 사들고 나와 약속장소로 가기 전, 물끄러미 일감호를 바라보며 한 사장님에게 전화를 했다.

"…하시죠."

천상의 비밀

　나는 평소 TV 드라마를 즐겨본다. 드라마 자체가 재미있기도 하지만, 지금 한국의 대중문화를 이해하는 가장 손쉬운 수단이기도 하기 때문이다. 요즘 사람들이 무엇을 즐겨 보고 어떤 배우를 좋아하는지, 유행어가 무엇인지를 알면 글을 쓰거나 강연을 할 때 큰 도움이 된다. 물론 역효과도 있다. 지난 1학기 수업시간에 상대성이론 강의를 하면서 올 2014년 초 엄청난 인기를 끌었던 드라마 〈별에서 온 그대〉를 예로 들었다가, 의외로 드라마를 보지 않은 학생이 꽤 많아서 당황하기도 했었다.

　내가 과학과 관련된 강연이나 강의를 할 때 가장 많이 예로

드는 드라마는 지난 2009년의 히트작 〈선덕여왕〉이다. 〈선덕여왕〉은 훗날 선덕여왕이 되는 덕만공주와 김유신 장군을 새로운 캐릭터로 재조명했지만, 무엇보다 미실이라는 전대미문의 캐릭터를 탄생시킨 것만으로도 그 가치를 인정할 만하다. 미실을 통해 작가들은 극강의 완벽한 절대악이 어떤 모습인지 생생하게 창조해냈다. 이 드라마가 왜 과학 강연과 관계가 있느냐고?

　내가 주목했던 또 다른 인물은 드라마 초반에 중요한 역할을 했던 월천대사였다. 월천대사는 당나라 달력을 이용해서 일식 날짜를 계산할 수 있는 '천문학자'였다. 미실은 월천의 도움을 받아 언제 일식이 시작될 것인지를 미리 알고 이것을 이용해 신라 황실을 겁박하여 권력을 휘두른다. 해가 뜨고 지고 달에 가려지고 구름이 몰려오고 천둥번개가 몰아치는 것은 단지 자연현상일 뿐임을 잘 아는 지금도, 시커먼 먹구름이 환한 대낮을 집어삼켜 캄캄한 암흑천지로 만드는 날이면 나는 이유 없는 두려움에 몸을 움츠리곤 한다. 아마도 7세기의 신라인들은 더하지 않았을까?
　이런 면에서 드라마 〈선덕여왕〉은 과학과 권력이 결탁했을 때 세상이 얼마나 위험해질 수 있는지를 단적으로 보여준다. 미실과 월천의 비밀을 알게 된 덕만은 월천을 빼돌린 뒤, 미실이 아닌 자신을 도와달라고 하소연한다. 월천은 이렇게 말한다.

"당신은 미실과 얼마나 다릅니까?"

과학을 이용해(물론 그때는 과학이라는 말조차 없었지만) 권력을 잡으려는 것은 미실이나 덕만이나 매한가지가 아니냐는 이야기이다. 월천의 이 대사는 과학이 일상생활에 훨씬 더 깊이 침투해 있는 21세기에 더 어울리는 말이다.

한참 드라마에 빠져 시청할 때는 왜 신라인들이 저런 얕은 속임수에 속아 넘어갈까, 조금만 더 '과학적으로' 생각한다면 저게 거짓말인 걸 뻔히 알 텐데… 하며 답답해하기도 했었다. 아마도 그런 생각을 한 것은 나만이 아니었을 것이다. 그러나 어느 순간, 나는 이것이 7세기 신라인들만의 문제가 아님을 깨달았다.

21세기를 살고 있는 현대인들은 현대 과학에 대해서 얼마나 잘 알고 있을까? 물론 일식에 대해서는 웬만큼 잘 알고 있을 것이다. 벌건 대낮에 갑자기 태양이 사라져도 아무도 두려워하거나 놀라지 않는다. 하지만 또 다른 면에서는 21세기의 우리들도 7세기의 신라인들과 별반 다르지 않다. 최근에 우리가 겪었던 사례만 예를 들더라도 황우석 사건, 광우병 파동, 천안함 사건, 일본 후쿠시마 사태 등 보통 사람들은 이해할 수 없는 과학적 내용들이 관련된 경우가 대부분이었다. 광우병 파동 당시 주한 미 대사였던 버시바우는 "한국인들은 과학적 사실을 더 배워야 한다"라고 말하기도 했었다. 후쿠시마 사태 이후 한국 정부가 일본산 농수산물 수입을 규제하자 일본 정부 관리는 자기네 농수산물이 위험하다는 과학적 근거를 대라고 요구했다.

7세기 신라인을 두렵게 했던 천상의 비밀은 21세기 한국인들에게 이처럼 여러 가지 다른 형태로 모습을 바꾸어 다시 돌아왔다. 월천대사 역시 마찬가지였다. 그의 21세기적 현현은 때로는 황우석이었고 때로는 '4대강 전도사', 그리고 때로는 천안함 조사단이었다. 나는 나로호 발사를 실패했을 때마다 전 국민이 러시아 기술자들 입만 바라보는 모습을 보면서 그들이야말로 이 시대의 월천대사로구나 싶었다. 영화 〈인터스텔라〉가 개봉한 뒤에 영화 속 과학적 내용에 대해 설명해달라고 나한테 문의하는 경우가 꽤 있었다. 영화 속 과학적 내용이야 몰라도 그만 알아도 그만이지만 이런 소소한 일상의 재미를 위한 월천대사의 자리도 이제는 필요한 시대가 되었다. 내가 이 책을 쓰려고 했던 데에는 앞으로 우주여행 관련 영화가 나왔을 때 '어디선가 누군가의' 월천대사를 더 이상 찾을 필요가 없었으면 하는 바람도 있었다.

과학의 역사는 한마디로 천상의 비밀을 밝혀온 역사라고 해도 과언이 아니다. 인류는 아주 오래전부터 하늘과 우주를 관찰해왔다. 기록으로 남아 있는 시대보다 훨씬 이전에도 사람들은 하늘을 바라봤을 것이다. 나는 현생 인류가 이 행성에 처음 나타났을 때 가장 먼저 했을 행동 베스트 5 안에 '하늘을 바라보았다'가 있으리라 확신한다.

인류가 바라본 하늘의 모습을 그림으로 남긴 것 중에서 지금까지 남아 있는 가장 오래된 그림 중 하나가 고구려시대의 하늘의 모습을 담은 천상열차분야지도天象列次分野之圖이다. 이 지도는 돌에 새긴 우주의 모습을 탁본한 것이다. 지금 유통되고 있는 만 원권 지폐 뒷면에는 천상열차분야지도의 약식 그림이 들어가 있다. 미실과 월천대사 때문이었는지는 몰라도, 실제 선덕여왕도 천문대를 세워 하늘과 우주를 관측했다.

선덕여왕보다 조금 앞선 시절 중국에서는 천자문이라는 한자교습서가 나왔다. 천자문의 첫 문구는 누구나 잘 알듯이 "하늘 천, 따 지, 검을 현, 누를 황", 즉 천지현황이다. 하늘은 검고 땅은 누렇다. 하늘이 검다는 것은 물론 밤하늘을 보고 한 말이다. 환한 대낮의 푸른 하늘을 보고서 푸를 청靑 자를 썼을 법도 한데 굳이 검을 현玄 자를 쓴 것은 태양빛이 없는 밤하늘의 모습이 하늘의 본모습이라고 생각했기 때문일 것이다.

그렇다면 하늘은 왜 검을까? 밤하늘은 왜 어두울까?

'태양빛이 없으니까 당연히 검지, 너무나 뻔한 것 아냐?'라고 반문하는 사람이 적지 않을 것이다. 하지만 밤하늘이 검은 것은 그리 간단한 문제가 아니다. 우주에는 태양 말고도 수많은 별이 있다. 예를 들어, 지구에서 r만큼 떨어진 우주공간에 별이 100개가 있다고 가정하자. 지구에서 r만큼 떨어진 공간은 지구를 중심으로 하고 반지름이 r인 구의 표면(안쪽 면)에 해당한다. 여기에 100개의 별이 있다는 이야기이다. 우주공간에 별이 비슷한 밀도로 존재한다면, 거리가 2배$(2r)$ 먼 곳에 있는 별의 개수는 몇 개일까? 거리가 2배로 늘어나면 넓이는 그 제곱인 4배로 늘어난다. 그러니까 $2r$만큼 떨어진 우주공간에 있는 별의 개수는 100의 4배인 400개이다. 그런데 별의 거리가 2배로 멀어지면 그 별의 밝기는 또한 거리의 제곱인 4배로 어두워진다.

지금까지의 상황을 정리하자면 지구에서 거리가 r인 위치에는 100개의 별이 있다. 그보다 2배$(2r)$ 멀리 있는 곳에는 400개의 별이 있다. 지구에서 봤을 때 400개의 별의 밝기는 r의 위치에 있는 100개의 별보다 밝기가 4배 어둡다. 4배 어두운 별이 4배로 많이 있으니까, 지구에서 봤을 때 $2r$에 있는 400개의 별의 총 밝기는 r의 위치에 있는 100개의 별의 총 밝기와 같다.

같은 논리를 계속 적용해보면, 지구에서 임의의 위치에 있는 모든 별의 총 밝기는 항상 똑같아야 한다. 즉, 지구를 둘러싼 임의의 크기의 구면을 생각하면 그 구면에 존재하는 모든 별의 밝기는 그 구면의 크기와 상관없이 언제나 똑같은 밝기로 지구를 비출 것이다. 우리는 그런 구면을 임의로 촘촘하게 그려볼 수 있으므로, 지구에 쏟아지는 별빛의 총량은 무한히 많아야 한다. 그렇게 되면 밤하늘은 대낮같이 밝을 것이다. 이것을 '올베르스의 역설'이라고 부른다. 이는 독일의 천문학자 하인리히 빌헬름 올베르스Heinrich Wilhelm Olbers가 1823년에 제안했다. 스위스의 천문학자 장 필리페 드 세죠Jean Philippe de Cheseaux가 1744년 비슷한 역설을 제안한 적이 있지만 올베르스의 역설로 더 잘 알려져 있다. 우리가 우주여행을 할 때 가장 먼저 대면하는 우주의 모습, 대단히 익숙한 시커먼 배경은 뭔가 과학적인 설명이 필요한 모습인 셈이다.

밤하늘이 그렇게 밝지 않다는 것은 무슨 이유에서인지 지구에 도달하는 별빛의 총량이 무한히 많지 않기 때문이다. 7장에서 우리는 20세기의 위대한 발견 덕분에 올베르스의 역설이 어떻게 해결되었는지 알게 될 것이다. 그러니까 밤하늘이 왜 어두운지 그 이유를 정확하게 안 것이 불과 100년도 채되지 않았다는 말이다! "하늘 천, 따 지, 검을 현, 누를 황"을 1,500년 정도 읊조려온 것에 비하면 굉장히 최근인 셈이다.

서양문화의 원류라고 할 수 있는 고대 그리스에서도 당연히 우주에 관심이 많았다. 영국의 수학자이자 철학자인 화이트헤드가 "서양철학사 2,000년은 플라톤 철학의 주석에 불과

- 올베르스의 역설 -

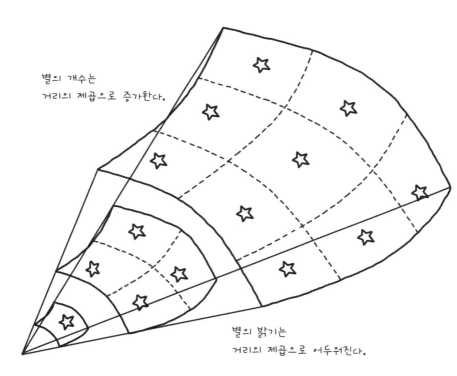

별의 개수는
거리의 제곱으로 증가한다.

별의 밝기는
거리의 제곱으로 어두워진다.

하다"라고 했다는데, 그 플라톤의 우주론이 『티마이오스』라는 저작에 정리돼 있다. 입자물리학을 연구하는 내게 가장 흥미로운 대목은 플라톤이 자연을 구성하는 기본단위인 4원소(흙, 물, 불, 공기)를 수학적 구조물을 동원해 설명하고 있다는 점이다. 그 수학적 구조물이란 5개의 정다면체로서 정사면체, 정육면체, 정팔면체, 정십이면체, 정이십면체이다. 이를 플라톤 입체라고도 부른다. 플라톤의 방식은 대략 이렇다. 흙은 4원소 중에서 가장 덜 움직이고 조형성이 가장 높으므로, 가장 안정된 면을 가진 입체인 정육면체가 대응된다는 식이다.

현대적인 기준에서 보자면 과학적 근거라고는 전혀 없어 보일 수도 있다. 하지만 자연의 대상에 수학을 대응시켜 이해하는 방식은 현대 과학에서도 여전히 적용되고 있다. 예를 들면 현대적인 소립자의 표준모형에서는 자연에 존재하는 입자들의 종류에 군 이론群理論, group theory을 적용시켜 그 본성을 파악하고 있다. 학창시절 과학과목을 수학 때문에 싫어하게 됐다면 그 원죄는 플라톤에게 물어야 한다. 이런 의미에서 현대 과학자들은 플라톤주의자라고 해도 아주 틀린 말은 아니다.

그의 제자 아리스토텔레스의 우주관은 중세까지 2,000여 년 동안 서양을 지배한다. 아리스토텔레스 우주관의 가장 중요한 특징은 천상계와 지상계가 명확히 나뉘어 있어 각각의 지배원리가 전혀 다르다는 점이다. 천상계는 완벽한 세상이다. 그래서 천상에 존재하는 천체들은 모두 완벽한 입체인 구형을 이루고 있으며, 그 운동 또한 완벽한 도형인 원의 형태로 원운동을 한다. 모든 것이 완벽한 천상계에서는 물체의 운동이 일어나기 위해서 딱히 필요한 요소가 없다. 그냥 저절로 영원히 움직인다.

반면에 지상계는 완전하지 못한 세상이다. 이런 세상에서 물체의 운동이 일어나려면 무언가가 끊임없이 물체에 접촉해서 기동을 시켜줘야 한다. 그렇지 않으면 운동이 멈춘다. 예를 들어 수레가 움직이려면 소나 말이 접촉해서 끌어줘야 한다. 소나 말이 끌기를 멈추면 수레는 가던 길을 멈춘다. 그리고 모든 물체는 자신의 본성을 쫓아가는 운동을 한다. 깃털이 날아오르는 것은 가볍기 때문인데 가벼움의 본성은 천상계에 속하는 것이다. 즉, 깃털은 가벼움의 본성을 찾아 천상계로 날아오른다. 반면 무거운 돌덩이는 무거움의 본성을 찾아 지구 중심으로 떨어진다. 따라서 아리스토텔레스의 우주에서 가벼운 물체와 무거운 물체를 낙하시키면 무거운 물체가 더 빨리 떨어진다.

아리스토텔레스의 우주관은 우리의 일상적인 경험과 대단히 잘 들어맞는다. 그 때문에 아리스토텔레스의 우주관이 수천 년 동안이나 살아남을 수 있었다. 아리스토텔레스의 우주관에 금을 내기 시작한 것은 그 이름도 유명한 갈릴레오 갈릴레이였다. 이탈리아에서는 위인들의 경우 성(갈릴레이) 대신 이름(갈릴레오)을 부르는 전통이 있다고 한다. 16~17세기에 걸쳐 살았던 갈릴레오는 근대 과학의 아버지로 불린다.

1564년에 태어난 갈릴레오는 1589년부터 1592년까지 피사대학교에 있었고, 조선에서 임진왜란이 일어났던 1592년부터 1610년까지는 파도바대학교에 있었다. 피사대학교를 떠나기 직전 그 유명한 피사의 사탑에서 질량이 다른 두 물체를 떨어뜨리는 공개실험을 했다는 일화가 유명하지만, 이 일화는 사실이 아닐 가능성이 매우 높다고 한다. 대신에 갈릴레오는 머릿속에서 행하는 가상의 실험, 즉 사고실험을 즐겼다.

갈릴레오의 아이디어는 간단했다. 가벼운 물체와 무거운 물체를 사슬로 연결하면 어떻게 될까? 가벼운 물체는 천천히 떨어지려는데 무거운 물체가 매달려서 더 빨리 떨어지려고 하니까 가벼운 물체 혼자 떨어질 때보다는 더 빨리 떨어질 것이다. 무거운 물체 입장에서 보자면 가벼운 물체가 낙하를 지연시키는 셈이므로 혼자서 떨어질 때보다는 더 천천히 떨어질 것이다. 하지만 가벼운 물체와 무거운 물체를 하나의 물체로 간주하면 원래 각각의 두 물체보다 더 무거워졌으므로 무거운 물체가 혼자 떨어질 때보다 더 빨리 떨어져야 한다. 이는 명백한 모순이다.

학창시절에 과학을 배웠다면 가벼운 물체와 무거운 물체가 진공 속에서 동시에 떨어진다는 사실을 배워서 잘 알 것이다. 현실에서 그렇지 못한 이유는 공기의 저항 때문이다. 하지만 우리는 그 현실에 너무나 잘 적응해 있기 때문에 무거운 물체가 빨리 떨어진다는 생각을 쉽게 떨치지 못한다. 이는 뉴턴의 운동법칙과 연결되면서 더 큰 혼란을 야기하기도 하는데, 다음 장에서 다시 다룰 작정이다.

갈릴레오의 사고실험 중에는 유명한 빗면 실험도 있다. 마찰이 없는 이상적인 조건을 가정한다면, U자로 꺾인 빗면에서 구슬을 굴렸을 때 구슬은 처음 출발한 높이와 똑같은 높이의 반대편 경사면까지 올라갈 것이다. 빗면의 한쪽 끝을 조금씩 낮추면 구슬은 여전히 반대편 경사면의 똑같은 높이까지 올라가지만 대신에 수평방향으로 진행한 거리는 훨씬 더 길어진다. 만약에 빗면의 한쪽을 지면에 평평하게 완전히 펼치면 어떻게 될까? 아마도 구슬은 지면을 따라 영원히 굴러갈 것이다. 이 결론은 아리스토텔레스의 우주관과 맞지 않다. 기동자의 접촉이 없음에도 불구하고 구슬이 영원한 운동을 하기 때문이다. 완전하지 못한 지상계에서는 있을 수 없는 일이다!

인류가 천상의 비밀을 밝히는 데 있어 갈릴레오는 지우기 힘든 족적을 남겼다. 그는 인류 역사상 처음으로 망원경을 들어 천상을 들여다본 인물이었다. 1609년의 일이다. 물론 갈릴레오 이전에도 자신만의 망원경으로 하늘을 올려다본 사람이 전혀 없지는 않았겠지만 그것을 기록으로 남긴 것은 갈릴레오가 처음이었다. 지난 2009년은 갈릴레오가 망원경을 들어 하늘을 관측한 지 400주년이 되는 해였다. 유엔에서는 이를 기려 2009년을 세계 천문의 해로 지정했다. 그해 5월 나는 마침 파도바에서 열린 국제학회에 참석했다. 파도바는 베네치아에서 남쪽으로 30킬로미터 정도 떨어진 작고 아름다

- 빗면 실험 -

공은 출발한 높이와 같은 높이만큼
경사면을 올라간다.

내려오면서 속도가   올라가면서 속도가
점점 증가한다.   점점 감소한다.

속도 증가   속도 감소

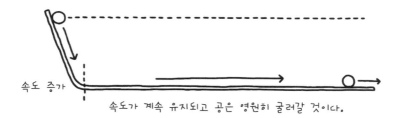

속도 증가

속도가 계속 유지되고 공은 영원히 굴러갈 것이다.

운 도시이다. 그 자그만 도시가 그때는 온통 갈릴레오로 물결 쳤다.

망원경을 처음 만든 것은 네덜란드 사람들이라고 한다. 손 재주가 좋았던 갈릴레오는 손수 보다 좋은 성능의 망원경을 만들어서 당시 베네치아 총독에게 바쳤다. 물의 도시 베네치 아에 가면 산마르코 광장이라는 유명한 광장이 있다. 이 광장 에 산마르코 성당이 있고, 높은 종탑이 하나 있다. 갈릴레오 는 총독과 함께 종탑으로 올라가 자신이 만든 망원경의 위력 을 보여주었다. 저 멀리 바다 끝에 있는 작은 배를 망원경으 로 처음 봤을 때의 놀라움은 쉽게 짐작할 수 있다. 군사적으 로도 상업적으로 이런 물건은 꽤 쓸모가 있었을 것이다. 덕분 에 갈릴레오는 짭짤한 부수입도 챙겼다고 한다.

만약에 갈릴레오가 망원경을 만들어서 돈벌이에만 급급했 다면 그의 이름이 역사에 남지는 않았을 것이다. 갈릴레오 는 말 그대로 '근대 과학의 아버지'였고, 그래서 자신이 만든 15배율의 망원경을 들어 마침내 하늘을 올려다보았다. 여러 분에게 세상에서 가장 성능이 좋은 망원경이 있다면 가장 먼 저 보고 싶은 천체는 무엇인가? 아마도 달을 보겠다는 사람 이 가장 많을 것이다. 갈릴레오도 그랬다.

갈릴레오가 본 달의 모습은 아리스토텔레스의 가르침과 달랐다. **달은 완벽한 천상계의 모습이 아니었다.** 산과 계곡이 있었고 여기저기 운석구덩이가 널려 있었다. 천상계의 모습이 지상계의 모습과 별반 다르지 않은 것이다. 이후에도 갈릴레오는 계속해서 하늘을 보았다. 태양의 흑점도 관측했고, 목성의 가장 큰 네 위성(이오, 에우로파, 가니메데, 칼리스토)도 발견했다. 갈릴레오는 자신을 후원했던 가문의 이름을 따서 목성의 네 위성을 '메디치의 별'이라고 불렀다. 또한 금성의 상이 달처럼 변하는 것(초승달, 보름달, 그믐달 등)을 관측했는데, 이는 태양중심설을 강력히 뒷받침하는 증거 중 하나였다.

20세기에 인류가 달에 갈 수 있었던 것은 400년 전에 누군가가 망원경으로 돈을 버는 대신 하늘을 바라봤기 때문이고, 그런 멍청한 짓을 하는 사람을 후원했던 메디치 가문이 있었기 때문이라고 하면 지나친 과장일까? 만약에 당시 메디치 가문이 지금의 한국 정부나 기업 같은 마인드를 가졌다면 원천기술이니 일자리창출이니 경제성장이니 하는 온갖 이유들을 대면서, 한가하게 하늘이나 보고 있는 갈릴레오를 용납하지 않았을 것이다. 그랬다면 〈인터스텔라〉 같은 영화가 나오기까지 우리는 몇 년을 더 기다렸을지도 모른다.

갈릴레오가 망원경을 들어 천상의 비밀을 들춰낼 무렵, 독일에서는 요하네스 케플러가 행성의 운동법칙을 발견하고 있었다. 케플러는 1600년이 시작될 때 덴마크의 천문학자인 티코 브라헤의 조수로 들어갔다. 브라헤는 시력이 대단히 좋아서 맨눈으로도 밤하늘의 별들을 아주 높은 정밀도로 관측할 수 있었고 방대한 자료를 남겼다. 원래는 덴마크 국왕 프레데릭 2세의 전폭적인 지원으로 섬 하나를 하사받고 천문관측소를 지어 모자람 없이 하늘을 관측했으나, 새로운 왕이 들어서자 지원이 중단돼 케플러가 합류하기 직전에 프라하로 막 옮긴 상태였다.

브라헤와 케플러는 서로 상보적이었다. 브라헤는 관측능력이 탁월했고 이를 기록으로 꼼꼼하게 남겼으나 그 결과를 분석할 능력이 없었다. 반면 수학적 재능이 뛰어났던 케플러는 브라헤의 도움이나 허락 없이 양질의 방대한 데이터에 접근할 수가 없었다. 본인이 브라헤의 관측자료를 능가하는 데이터를 다시 얻는다는 것도 불가능한 일이었다. 하지만 둘의 사이는 그리 좋지 않았다고 한다. 브라헤는 자신의 자료를 선뜻 내주지 않았고 케플러는 조바심이 났다. 그러나 행운의 여신은 케플러에게 미소를 지었다. 케플러가 브라헤와 합류한 이듬해인 1601년 브라헤가 갑자기 사망한다.

　브라헤의 사망 원인과 관련해서도 재미있는 일화들이 여럿 전해진다. 어쨌든 케플러는 뜻하지 않은 행운(?)으로 브라헤의 방대한 관측자료를 인수하게 되었고, 이로부터 행성의 운동에 관한 세 가지 법칙을 얻을 수 있었다.

제1법칙: 행성은 타원궤도로 태양 주위를 공전한다
제2법칙: 행성이 같은 시간에 훑고 지나가는 공전궤도상의 넓
이는 똑같다
제3법칙: 행성의 공전 장반경의 세제곱은 공전주기의 제곱에
비례한다

　이 모든 결과를 케플러는 일일이 손으로 계산을 해서 얻었다. 특히 제1법칙을 얻는 과정은 이른바 '화성전투'라는 이름으로 유명하다. 화성의 정확한 궤도를 추적하던 케플러는 애초에 그 궤도가 원궤도임을 믿어 의심치 않았다. 플라톤주의자였던 케플러에게는 당연한 일이었을지도 모른다. 화성의 정확한 타원궤도를 발견하기까지 무려 8년 동안 케플러는 2절지 900장을 채우는 수십 번의 반복계산을 해야만 했다. 이렇게

- 케플러의 행성법칙 -

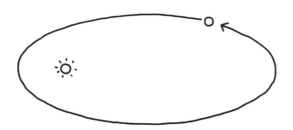

제 1법칙: 행성은 타원궤도로 태양 주위를 공전한다.

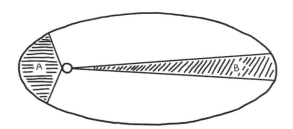

제 2법칙: 행성이 같은 시간에 훑고 지나가는 공전궤도상의 넓이 A와 B는 똑같다.

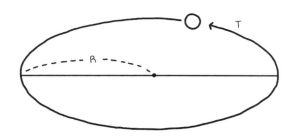

제 3법칙: 행성의 공전 장반경 R의 세제곱은 공전주기 T의 제곱에 비례한다.

말하고 써버리기야 참 쉬운 일이지, 그 계산을 정말로 어떻게 했을지 상상해보면 후배 물리학자로서 존경심을 갖지 않을 수가 없다(대학원 박사과정 때 나는 겨우 A4용지 100여 장에 달하는 계산을 해본 적이 있다).

화성궤도가 타원궤도라고는 하나 그 단축의 비율이 장축 대비 99.566%에 달하기 때문에 거의 원이라고 봐도 무방하다. 여러분이라면 데이터를 분석하는 과정에서 0.5% 이하의 오차가 생겼을 때 어떻게 했을까? 관측상의 오차라고 치부하지 않았을까? 게다가 그 데이터를 남긴 사람이 자신과 별로 사이가 좋지 않았던 사람이라면?

케플러가 위대한 이유는, 물론 그 엄청난 계산량 때문이기도 하지만, 플라톤주의자로서의 자신의 신념보다도 당대 최고의 관측자(자신과 사이가 좋지 않았던)가 남긴 데이터를 끝까지 신뢰했기 때문이 아닐는지.

올해 1학기 수업에서 나는 이 내용을 강의할 기회가 있었다. 사실 나는 학생들에게 케플러의 화성전투가 얼마나 위대한 과업이었는지를 설명하면서도 나 자신은 그저 데면데면했다. 매 수업마다 나는 학생들에게 간단한 강의요약문을 자필로 받는다. 출석점검을 대신해서 글쓰기 연습 삼아 시행하고 있는데, 그날 강의요약문에는 케플러의 위대한 성취에 감동받은 내용이 많았다. 나는 학생들의 요약문을 읽으면서 내가 미처 가슴으로 느끼지 못했던 케플러의 위업을 그제야 조금씩 느끼기 시작했다. 그 오랜 시간 동안 자신의 신념보다 다른 사람의 데이터를 어떻게 더 믿을 수 있었을까?

물론 케플러는 행성의 궤도가 타원임을 최종적으로 확인한 뒤에 크게 실망했다고 한다. 한때 케플러는 눈으로 관측할 수 있는 다섯 행성(수성, 금성, 화성, 목성, 토성)의 궤도를 설명하기 위해 플라톤의 입체를 도입하기도 했다. 그는 정말로 플라톤주의자였다. 지금 우리는 행성의 궤도가 임의의 값을 가질 수 있다는 것을 알기 때문에 케플러의 이런 시도는 언뜻 우스꽝스러워 보일지도 모른다. 그러나 앞서도 말했듯이 자연현상에 수학의 구조물을 대응시키는 방법은 지금도 여전히 물리학자들이 즐겨 쓰는 강력한 수단이다.

다만 행성 공전궤도의 크기가 자연의 기본원리와 별다른 관계가 없었기 때문에 케플러의 시도는 큰 성과를 내지 못했다. 만약 공전궤도의 크기, 예컨대 지구−태양 사이의 거리가 자연의 기본원리를 담고 있는 물리량이라면 21세기의 과학자들도 그 원리가 무엇인지 찾기 위해 온갖 수학적 구조물을 끌어다 맞춰볼 것임에 틀림없다. 현대 우주론에서도 자연의 근본원리와 관련된 물리량이라고 생각했으나 전혀 그렇지 않을지도 모른다는 주장이 나오는 경우가 있다(7장을 볼 것).

천상의 비밀을 밝히는 작업은 20세기 과학에서도 가장 중요한 과업이었고 21세기에도 여전히 그러하다. 장비와 기술이 놀라울 정도로 발전했기 때문에 우리는 지금 천상의 비밀에 대해 무척 많은 것을 알고 있다(이는 7장에서 주로 다룰 예정이다). 하지만 역설적이게도 알면 알수록 더 많아지는 것이 또한 천상의 비밀이다.

2014년 3월 남극의 한 전파망원경에서 태초의 중력파를 관측했다는 보도가 나왔을 때, 나는 또 월천대사를 찾아 헤매는 언론사의 연락을 받기도 했었다. 아마도 월천대사가 필요 없는 날은 영원히 오지 않을지도 모른다. 그러나 월천대사를 찾아 헤매는 그 수고와 노력을 줄이고 혼란을 최소화하는 방법은 얼마든지 있다. 전문가가 많아지고 대중과의 소통이 더욱 원활해진다면 우리는 적어도 드라마 속 7세기 신라인의 수준은 넘어설 수 있다.

천상의 비밀을 밝히는 첫걸음은 하늘을 보는 것이지만, 역시 직접 가보는 것만큼 확실한 방법은 없다. 우주여행은 그래서 과학자들에게도 가장 설레는 여행이다. 〈인터스텔라〉에서 머나먼 행성을 찾아 떠난 사람들이 탐험가나 모험가가 아니라 과학자였다는 설정(나 같은 입자물리학자도 포함돼 있어서 무척 기뻤다)은 영화적 설정이 아니라 미래의 현실에 가까울 것이다.

최초로 우주여행을 한 지구상의 포유류는 인간이 아닌 개였다. 1957년 10월 4일 소련은 인류 최초의 인공위성 스푸트니크호를 성공적으로 쏘아 올렸고, 직후인 11월 3일 스푸트니크 2호를 발사했다. 2호에는 밀폐된 탑승실에 라이카(본명은 쿠드랴프카)라는 이름의 암컷 강아지가 실렸다. 스푸트니크 2호는 지구로 귀환할 계획이 없었다. 기술이 없었다는 것이 정확한 표현일 것이다. 라이카에게는 우주로의 편도여행이었던 셈이다. 원래는 우주선에 설치된 장치로 약물을 주입해 안락사 시킬 계획이었으나 궤도에 진입한 지 얼마지 않아 죽었다고 한다. 실제 우주로 나아갈 때 무슨 일이 벌어지는지는 직접 나가봐야 제대로 알게 될 테니까 실험용 동물을 먼저 내보내는 과정은 어쩌면 필연적이었는지도 모른다. 그 유명한 유리 가가린이 인류 최초로 우주비행을 한 때는 1961년이었다.

우주여행의 희생자는 강아지만 있지 않았다. 1986년 1월 28일, 미국의 우주탐사 활동 중 최악의 사고로 꼽히는 챌린저호 폭발사고가 일어난다. 우주왕복선이었던 챌린저호는 발사 73초 만에 고체연료추진기에 이상이 생겨 공중폭발해 승무원 7명이 전원 사망했다. 사고의 여파로 한동안 우주왕복선 계획이 취소되었고 과학탐사위성의 발사도 영향을 받았다. 사고조사위원회에는 당시 가장 유명한 미국 물리학자였던 리처드 파인만도 포함돼 있었다.

조사위원회가 밝힌 사고의 가장 큰 원인은 고체연료추진기에 쓰였던 고무패킹(일명 O링)이 추운 날씨에 얼어붙어 복원력을 잃어버렸기 때문이었다. 리처드 파인만은 의회 청문회에 나와서 증언할 때 문제의 고무패킹과 얼음물을 한 잔 들고 나와서 그 상황을 직접 시연했다(역시 파인만다운 증언이었다). 얼음물에 구겨 넣은 고무패킹은 다시 꺼냈을 때 원래 상태로 완전히 돌아가지 않았다.

아주 비슷한 상황은 아니지만 챌린저호 폭발 상황을 돌이켜보면 영화 〈아이언맨〉의 한 장면이 떠오른다. 주인공 스타크(로버트 다우니 주니어)는 처음으로 슈트를 완성한 뒤 첫 비행에 나섰다가 내친 김에 하늘 높이 치솟아 오른다. 얼마 뒤 예기치 않은 결빙 때문에 잠시 시스템이 작동하지 않아 추락한다. 물론 영화에서는 슈트가 공중폭발하거나 그대로 끝까지 추락하는 일은 없다. 실험용 동물을 먼저 태워 날려보지도 않는다. 영화는 확실히 현실과는 다른가 보다. 아마도 인류가 처음으로 태양계를 벗어나 머나먼 대우주로 나아갈 때에도 비슷한 시행착오를 겪게 될 것이다. 이 점에서만큼은 〈인터스텔라〉가 대단히 현실적이다.

천상의 비밀을 캐내기 위해 인류는 지금까지 숱한 대가(2절지 900장에서부터 라이카와 챌린저호 승무원들에 이르기까지)를 치러왔고 앞으로도 또 그러할 것이다. 세상에 공짜란 없는 법이다. **그래도 미지를 향한 우리 인류의 탐험은 멈추지 않을 것이다.** 〈인터스텔라〉의 쿠퍼가 그랬듯이 말이다.

그래비티

평소에 겁이 많은 나는 높은 곳에 올라가거나 거기서 무슨 장난을 치는 것을 아주 싫어한다. 놀이공원은 내게 무덤이다. 바이킹이니 자이로드롭이니 자이로스윙 따위는 물론이고 그 흔한 청룡열차(롤러코스터)도 타기가 겁난다. 바이킹이나 청룡열차가 정점에서 떨어지기 시작하는 바로 그 순간 몸속의 내장이 다 들리는 그 기분이 나는 정말 싫다. **중력은 참고마운 힘이다.**

영화 〈그래비티〉는 높은 곳에서 떨어지는 놀이기구를 타지 않아도 중력의 고마움을 느끼게 해주는 영화였다. 편안하고 안락하고, 무엇보다 땅에 단단히 붙어 있어서 여기저기 날아다니지 않는 안전한 극장의자에 앉아서도 우주공간 속을 정처 없이 헤매는 경험을 할 수 있다. 영화를 보면서 내장이 들리는 기분을 느끼기는 처음이었다. 아마도 알폰소 쿠아론 감독은 중력과 영화에 관한 새로운 '등가원리'(중력과 관성력이 근본적으로 같다는 원리로서 일반상대성이론의 핵심원리이다. 5장을 볼 것)를 발견했음이 분명하다.

우리 인류가 지구라는 행성에 나타나서 진화한 역사가 최소 300만 년이 넘는다고 한다. 그 오랜 세월 지구가 만들어낸 안락한 중력장 속에서 살아왔으면서도 정작 중력이라는 힘의 존재를 알게 된 것은 17세기 중반 이후로 극히 최근의 일이다. 인류가 300만 년 동안 알면서도 몰랐던 이 힘의 실체를 구체적으로 지목한 사람이 바로 뉴턴이다.

과학에 대해서 아무리 흥미나 관심이 없는 사람이라도 뉴턴의 만유인력의 법칙은 다들 한 번쯤 들어봤을 것이다. 만유인력의 법칙은 중력에 대한 뉴턴의 법칙으로서, 질량이 있는 두 물체 사이에는 각 질량의 곱에 비례하고 그 거리의 제곱에 반비례하는 인력(당기는 힘)이 보편적으로 작용한다는 법칙이다.

나도 어릴 때부터 만유인력의 법칙이라는 말을 많이 들어왔고 고등학교 물리 시간에 공식까지 써서 배우기도 했지만, 정작 '만유인력'이라는 말 자체가 무슨 뜻인지를 알게 된 것은 대학교에 가서였다. 영어로 쓴 일반물리학 교과서에서 'universal law of gravitation'이라는 말을 보고서 나는 이 말이 만유인력의 법칙에 해당하는 원조 표현임을 알게 되었다. 이 원조 표현을 직역하면 '중력에 대한 보편법칙'이다.

나는 universal이라는 단어를 보고서야 내가 20년 동안 아무 생각 없이 들어왔던 '만유인력'이라는 단어의 뜻을 헤아려볼 수 있었다. '만유'란 보나마나 일만 만萬에 있을 유有임에 분명했다. 그러니까 '만유'란 쉽게 말해서 어디에나 있다는 말이다. universal이라는 단어를 이렇게 옮긴 것이다. 그런데 왜 하필 이렇게 어려운 한자어로 옮겼을까? '만유인력의 법칙' 대신 '보편중력의 법칙'이라고 했으면 더 이해하기 쉽지 않았을까? 우리 일상생활에서 '만유'라는 단어는 아무리 생각해도 그 쓰임새가 잘 떠오르지 않는다. 짐작컨대 일본말에서 따오지 않았을까 싶다. 우리 학생들이 과학을 싫어하고 어려워하는 데에는 분명 이런 이유도 있을 것이다. 내 경우만 하더라도 '만유인력'이라는 한국말보다 'universal law'라는 남의 나라

말에서 그 의미를 더 정확하게 이해했으니, 지금 생각해봐도 이런 황당한 경우가 어디 있나 싶다.

용어의 뜻은 또 그렇다 해도, 왜 뉴턴이 발견한 중력법칙에 universal이라는 말이 붙었는지는 설명이 좀 필요하다. 뉴턴이 태어난 해는 갈릴레오가 죽던 해인 1642년이다. 갈릴레오라는 거장이 역사에 등장하기는 했으나, 1642년이면 갈릴레오가 그 유명한 종교재판(1633년)을 받은 지 채 10년도 되지 않았을 때이다. 뉴턴이『자연철학의 수학적 이해』(일명 프린키피아)를 써서 만유인력은 물론 운동법칙을 정리한 것이 1687년이다. 뉴턴이 살던 시절에도 여전히 아리스토텔레스의 세계관이 위세를 떨치고 있었다고 봐야 한다. 천상계와 지상계는 엄격히 분리돼 있고 각자 자기 나름의 원리에 따라 제 갈 길을 가고 있을 뿐이다.

뉴턴이 그 위대한 발견을 하게 된 계기는 정말로 사과 때문이었을지도 모른다. 그러나 사과나무 아래에서 떨어지는 사과를 보고 만유인력의 법칙을 발견했다는 일화는 갈릴레오의 피사의 사탑 일화만큼이나 허구일 가능성이 높다.

사과 이야기가 나온 김에 사과를 가지고 뉴턴의 사고를 추적해보면 이렇다. 사과를 멀리 던지면 포물선 운동을 하면서 날아가다가 땅에 떨어진다. 지상에서 던진 물체가 포물선 운동을 한다는 사실은 갈릴레오도 이미 알고 있었다. 만약에 사과를 더 세게 던지면 어떻게 될까? 사과는 더 먼 거리를 날아가다가 다시 땅에 떨어질 것이다. 사과를 그보다 훨씬 더 세게 던져서 땅에 떨어지기 전에 어마어마하게 먼 거리를 날아가게 할 수 있을까? 그러면 어떻게 될까? 물리학자들은 극단적인 생각을 즐겨한다. 사과를 정말로 세게 던져서 그 비행거리가 지구의 둘레만큼 될 정도라면, 그렇다면 그 사과는 마치 달처럼 지구 주위를 계속해서 빙빙 돌게 될 것이다. 물론 이보다도 더 세게 던진 사과는 머나먼 우주 속으로 그냥 날아가 버릴 것이다.

원래 사과는 지상계에 속한 물건이다. 둥글둥글하기는 해도 천상계의 완벽한 천체와는 근본이 다르다. 그래서 사과는 날아가다가 얼마지 않아 다시 땅에 떨어진다. 그런데 뉴턴에 따르면 **이 형편없이 불완전한 지상계의 사과가 천상계의 달처럼 지구 주위를 영원히 빙빙 돌 수도 있다는 사실을 발견한 것이다!** 지상계의 사과가 갑자기 천상계의 천체가 된 것이다. 그렇다면 지상계와 천상계의 구분이 모호해진다. 나아가

지상계와 천상계가 서로 다른 원리의 지배를 받는 것이 아니라 똑같은 원리에 따라 작동할지도 모른다.

　케플러의 행성운동법칙을 알고 있었던 뉴턴은 행성궤도가 타원이려면 태양과 행성 사이에 거리의 제곱에 반비례하는 힘이 작용해야 한다는 사실을 수학적으로 알고 있었다고 한다. 거리의 제곱에 반비례하는 법칙을 '역제곱의 법칙'이라고 부른다. 다른 주장에 따르면 역제곱의 법칙을 먼저 안 것은 뉴턴과 경쟁관계에 있었던 로버트 후크라고도 하고, 행성법칙을 발견한 케플러 자신도 역제곱의 법칙을 알았다는 이야기도 있다.

　역제곱의 법칙의 발견에 누가 얼마나 기여를 했는지 지금의 나로서는 정확하게 알 길이 없다. 어쨌든 행성과 태양 사이에 또는 행성(지구)과 행성(달) 사이에 역제곱의 법칙이 작동한다면, 지구와 사과 사이에도 역제곱의 법칙이 작동해야 할 것이다. 결론적으로 역제곱의 법칙은 천상계와 지상계를 가리지 않고 '보편적으로' 적용되는 자연의 기본원리라고 할 수 있다. 지구든 달이든 태양이든 사과든 질량이 있는 두 물체 사이에는 거리의 제곱에 반비례하는 힘이 보편적으로 작용한다. 이것이 만유인력의 법칙이다. 천상계와 지상계를 구분하지 않는다. 오로지 하나의 원리만 있을 뿐이다. 그래서 universal이라는 말이 붙었다. 아리스토텔레스가 설 자리는 더 이상 남아 있지 않았다.

뉴턴의 만유인력의 법칙은 질량이 있는 두 물체 사이에 보편적으로 작용하는, 서로 당기는 힘이다. 지금은 우리가 이것이 바로 중력$_{gravity}$임을 잘 알고 있다. 뉴턴 이전에는 질량이 있는 물체들 사이에 힘이 작용해 서로 끌어당긴다는 식의 개념이 없었다. 뉴턴의 만유인력의 법칙으로 말미암아 중력이라는 힘의 존재를 처음으로 알게 된 것이다.

중력은 굉장히 약한 힘이다. 전화를 하고 TV를 켜고 생체활동이 돌아가는 등의 현상에서는 전자기력이 중요한 역할을 한다. 전자기력에 비해 중력은 대략 10^{40}배 정도 작다. 1 뒤에 0이 무려 40개나 붙은 숫자이다. 지구라는 거대한 땅덩어리 전체가 우리 이 작은 몸을 잡아당기고 있어도 우리는 가볍게 사뿐히 걸어 다닐 수 있다. 손에 들고 있는 휴대폰을 떨어뜨리면 바닥에 충돌하는 순간 유리가 박살날 정도로 지구는 맹렬하게 모든 것을 자기중심으로 끌어당긴다(물론 그와 똑같은 힘으로 우리나 휴대폰도 지구를 끌어당긴다). 하지만 우리

는 전자기력으로 작동하는 신경과 근육의 움직임으로 휴대
폰 정도야 가뿐히 들어올린다. 이 정도 스케일에서 지구를 이
기는 것은 무척 쉽다. 여러분 주변에 아무리 뚱뚱한 사람들이
많아도 그 사람들의 질량에 의한 중력 때문에 사람들이 한군
데로 모여들지 않는다.

　우주로 나가면 상황이 달라진다. 우주적인 규모에서는 중
력이 큰 목소리를 내기 시작한다. 태양같이 거대한 질량의 천
체는 부지기수이고 이런 별들이 최소 1,000억 개 정도 모여
있는 은하도 장대한 우주쇼의 주인공으로 등장한다. 중력이
극단적으로 강력한 괴물 같은 천체, 블랙홀도 도처에 널려 있
다. 그러니까 중력을 모르고 우주로 나간다는 것은 바다에 대
한 지식과 경험도 없이 배를 띄우는 것과도 같다. 이왕지사
상황이 그렇다면 우주여행을 즐기기 위해 중력을 최대한 활
용하는 것이 보다 현명한 방법일 것이다. 사실 이미 우리는
우주선을 원하는 목적지에 보내기 위해 중력을 십분 활용하
고 있다.
　〈인터스텔라〉에서 주인공 쿠퍼 일행이 탄 우주선 인듀어런
스호는 토성 근처의 웜홀 입구로 가기 위해 화성 주변에서 화

성의 중력을 이용한다. 이것을 '중력기동'이라고 부른다. 중력은 기본적으로 당기는 힘이다. 우주선을 행성의 중력권 속으로 날리면 당연히 그 행성으로 추락하거나 중력권에 잡혀 위성궤도를 돌겠지만, 초기조건을 적당히 잘 조절하면 그 행성을 휘감아 돌아, 다시 왔던 방향으로 튕겨 날아간다. 이때 행성이 태양 주변을 돌고 있으므로, 우주선이 튕겨나갈 때 행성의 속도가 튕겨나가는 우주선의 속도에 큰 영향을 준다. 이는 **마치 행성이 우주선을 새총으로 날려버리는 것과도 같아서 '중력새총'이라고도 부른다.** 보이저호나 카시니호도 중력기동의 도움을 받았고, 2014년 11월 12일 사상 최초로 혜성 67P/추류모프−게라시멘코에 착륙로봇 필래_{Philae}를 내려보낸 로제타호도 네 차례에 걸친 중력기동으로 혜성궤도에 진입할 수 있었다.

달 탐사를 하러 갔다가 불의의 사고로 임무를 수행하지 못하고 귀환하게 된 과정을 그린 영화 〈아폴로 13〉에도 중력기동이 나온다. 이때 아폴로 13호가 이용한 중력은 물론 달의 중력이었다. 이처럼 우주여행에서 중력을 적절히 이용하면 연료나 시간, 에너지를 아낄 수 있다.

- 중력기동 -

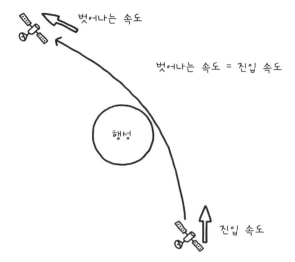

벗어나는 속도

벗어나는 속도 = 진입 속도

행성

진입 속도

행성의 중력을 이용해 방향전환을 한다.

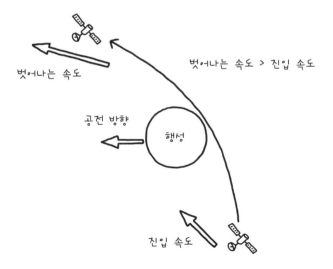

벗어나는 속도 > 진입 속도

벗어나는 속도

공전 방향

행성

진입 속도

실제 행성은 공전을 하므로 방향전환과 함께 속도가 더해진다.

뉴턴은 만유인력의 법칙만 발견한 것이 아니라 보다 일반적으로 힘의 개념을 정립하고 운동의 법칙을 확립하여 고전역학의 기틀을 잡았다. 뉴턴의『프린키피아』로 말미암아 자연과학의 새 시대가 열렸다고 해도 과언이 아니다. 뉴턴의 운동법칙을 한번 적어보자면,

제1법칙(관성의 법칙): 외력이 작용하지 않는 물체의 운동 상태는 바뀌지 않는다

제2법칙(가속도의 법칙): 물체에 작용하는 힘은 그 물체의 질량과 가속도의 곱으로 주어진다 ($F=ma$)

제3법칙(작용–반작용의 법칙): 힘은 항상 쌍으로, 그리고 반대방향으로 작용한다

관성의 법칙을 좀 더 풀어서 쓰면, 외부에서 힘이 작용하지 않을 때 정지해 있던 물체는 계속 정지해 있고 운동하던 물체는 그 상태 그대로 계속 운동한다는 말이다. 여기서 운동 상태를 나타내는 물리량은 전문적으로 '운동량$_{momentum}$'이라고 부른다. 운동량은 물체의 질량과 속도의 곱으로 주어진다. 외력, 즉 외부에서의 힘이 작용하지 않을 때 운동 상태가 변

하지 않는다는 말은 운동량이 변하지 않는다는 말과도 같다. 달리 말하자면, 외력이 작용하지 않을 때 운동량은 항상 보존된다. 이를 따로 '운동량 보존법칙'이라고 부른다.

운동량 보존법칙은 물리 전반에 걸쳐 가장 유용하게 쓰이는 법칙이다. 〈인터스텔라〉에 나오는 장면을 예로 들어보자. 쿠퍼는 아멜리아를 에드먼즈의 행성으로 보내기 위해 자신과 로봇 타스가 탑승한 소형 착륙선을 모선에서 분리해 블랙홀로 빠져버린다. 이렇게 되면 블랙홀 방향으로 소형 착륙선에 의한 운동량이 갑자기 생긴 셈이다. 모선인 인듀어런스호의 입장에서 보자면 블랙홀 방향으로 없던 운동량이 생겼으므로, 전체 운동량을 보존하기 위해 착륙선이 떨어져나간 나머지 선체는 블랙홀의 반대방향으로 운동량을 얻게 된다. 이때 쿠퍼와 아멜리아에게는 순간적으로 같은 힘이 서로 반대 방향으로 작용하게 된다(작용—반작용의 법칙).

영화 〈그래비티〉에는 운동량 보존법칙이 얼마나 사람을 애타게 하는지 잘 드러난다. 아무것도 없는 빈 우주공간에 내버려져 둥둥 떠 있는 우주인이 자신이 원하는 방향으로 움직이려면 무언가를 그 반대방향으로 내던져야 한다. 백팩의 연료와 분사기가 바로 그 역할을 수행한다. 연료가 바닥났거나 분

사기를 쓸 수 없으면 무엇이든 반대방향으로 집어던져야 한다. 아무것도 던질 것이 없다면… 그냥 그 자리에서 영원히 맴돌 뿐이다. 아무리 발버둥 쳐도 어쩔 수가 없다. 지구상에서 우리가 자유롭게 원하는 방향으로 걷거나 뛸 수 있는 것은 우리의 발이 지면과의 마찰력을 이용해 지구를 반대방향으로 밀어내기 때문이다. 잘 생각해보라. 우리 몸이 특정한 방향으로 움직인다는 것은 주변의 뭔가를 반대방향으로 밀어내기 때문에 가능한 일이다. 이것이 운동량 보존법칙이다.

물체가 회전운동을 하면 '각운동량'이라고 하는 양이 쓸모가 있다. 회전운동에서는 항상 회전반경과 각속도가 중요한 역할을 한다. 각속도란 단위시간당 얼마나 많은 회전을 하는가를 나타내는 양이다. 자동차 계기판의 rpm이 대표적인 각속도의 단위이다. rpm은 'revolutions per minute'의 약자로서 분당회전수를 나타낸다. 자동차 계기판의 rpm은 엔진의 분당회전수를 표시한다. 각운동량은 물체의 질량과 회전반경의 제곱과 각속도의 곱으로 주어진다.

(각운동량)=(질량)×(회전반경)^2×(각속도)

외력이 작용하지 않을 때 운동량이 보존되듯이, 외력이 작용하지 않을 때 각운동량 또한 보존된다. 각운동량은 한마디로 회전운동의 상태를 나타내는 물리량이다. 외부에서 힘이 작용하지 않으면, 물체의 회전운동 상태는 변하지 않는다. 이것이 '각운동량 보존법칙'이다.

각운동량 보존법칙은 일상생활에서 흔하게 보거나 겪을 수 있다. 김연아 선수의 등장 이후 국내 물리학자들이 가장 많이 드는 사례가 바로 피겨 스케이팅이다. 자신의 몸을 축으로 해서 회전하는 스핀동작의 경우 팔이나 다리를 회전축에서 멀리 뻗으면 어떻게 될까. **스핀을 시작한 뒤로 계속 회전 추진력을 주지 않으면 외력이 없는 상황이니까 김연아의 각운동량은 보존된다.** 이때 팔이나 다리가 축에서 멀어지면 팔이나 다리를 구성하는 분자들의 회전반경이 커지게 된다. 각운동량을 정의한 왼쪽의 식을 보면, 좌변의 각운동량이 일정할 때 회전반경이 커지면 각속도가 줄어들어야 한다. 반대로 팔이나 다리를 회전축에 바짝 붙이면 그만큼 회전반경이 줄어드니까 갑자기 각속도가 확 올라간다. 그래서 팔을 펴고 돌다가 팔을 모으면 갑자기 빨리 회전하게 된다(물론 공기저항이 줄어든 효과도 있을 것이다).

김연아의 주특기인 3회전 점프에서도 마찬가지이다. 짧은 체공시간 동안에 3회전을 하려면 각속도를 최대한 높여야 한다. 그래서 최대한 발을 모으고 팔을 접는다. 반대로 착지할 때는 각속도가 작아야 균형을 잡기에 유리할 것이다. 그래서 착지와 동시에 팔과 다리를 최대한 쭉 펴게 된다. 김연아 선수는 다른 선수들보다 체공시간과 활강거리가 월등히 높다. 그 이유는 3회전 점프에 들어가는 진입속도가 엄청나기 때문이다. 내가 개인적으로 분석한 바에 따르면 김연아의 진입속도는 거의 시속 24킬로미터에 육박한다. 점프 때 이 속도가 그대로 유지되기 때문에 최대 60센티미터 도약해서 0.7초 동안 약 4미터를 날아간다. 어느 피겨 평론가가 말하기를, 점프 직전에 김연아처럼 속도를 내는 것은 거의 자살행위라고 한다.

각운동량 보존법칙은 항공우주 분야에서도 자주 등장한다. 가장 흔한 사례는 헬리콥터이다. 메인로터라 불리는 주회전 날개가 돌면 헬리콥터 전체로 봤을 때 없던 각운동량이 생긴다. 그러면 새로 생긴 각운동량을 상쇄하려는 운동이 생긴다. 그 결과 동체가 주회전날개의 반대방향으로 돌기 시작한다. 어떻게 생각해보면 이것은 너무나 당연한 이치이다. 그냥 허공에 가만히 떠 있는 헬리콥터를 생각해보자. 이제 주회 전날개가 돌기 시작한다. 그런데 주회전날개가 돈다는 것이 정확하게 무슨 뜻일까? 바로 동체에 대해 주회전날개가 돈다는 뜻이다. 그러자면 주회전날개는 헬리콥터의 동체를 반대 방향으로 밀어내지 않으면 안 된다. 즉, 동체와 주회전날개가 서로를 반대방향으로 밀어내면서 각자 회전하게 된다. 전체 각운동량은 정확하게 상쇄된다.

동체가 이런 식으로 돌게 되면 승객들은 편안한 비행을 할수가 없다. 동체가 회전하지 않고 균형을 유지하려면 별도의 장치가 필요하다. 꼬리회전날개가 바로 그것이다. 꼬리회전날개가 파손된 헬리콥터가 빙글빙글 돌면서 추락하는 장면을 영화에서 본 적이 있을 것이다. 그렇다면 꼬리회전날개의 회전에 의한 각운동량은 어떻게 되는 것일까? 이것을 상쇄하려면 동체가 수직방향으로 회전하는 운동을 해야 한다. 그러나 동체가 충분히 무거우면 중력이 헬기를 잘 잡아주고 있기 때문에 수직꼬리날개에 의한 효과를 무시할 수 있다.

동체의 균형을 잡기 위해 꼬리날개를 쓰지 않을 수도 있다. 미군의 치누크 헬기는 꼬리날개 없이 동체의 앞뒤에 주회전날개가 하나씩 붙어 있어서 서로 반대방향으로 회전한다. 러시아의 블랙샤크 헬기는 주회전날개가 둘이 포개져서 서로 반대방향으로 돈다. 치누크나 블랙샤크는 모든 동력을 기체를 띄우는 데에 쓸 수 있다.

 헬리콥터와 비슷한 경우를 지상의 교통수단에서도 볼 수 있다. 오토바이가 굴러가면 없던 각운동량이 생긴다. 대개 엔진이 뒷바퀴를 앞으로 돌리니까, 이것에 의한 각운동량을 상쇄하기 위해서는 오토바이 본체가 그 반대방향, 즉 수직 위쪽으로 들려야 한다. 다시 말해, 오토바이의 뒷바퀴가 앞으로 회전한다는 것은 본체를 위쪽 방향으로 밀어내면서 돌아간다는 뜻이다. 이때 오토바이와 운전자의 몸무게가 충분히 무겁다면 뒷바퀴 회전에 의해 본체가 들리는 효과를 억누를 수 있다. 물론 이것을 억누르지 않고 즐기는 사람도 있다. 오토바이의 앞바퀴를 높이 들고 달리는 경우를 여러분도 본 적이 있을 것이다. 만약에 오토바이를 후진시키면서 이런 묘기를 보이려면 더 큰 힘이 들어갈 것이다. 오토바이가 빙판길에 미끄러지면 본체가 바퀴의 반대방향으로 천천히 돌게 된다. 이때는 뒷바퀴가 본체를 반대방향으로 돌리는 효과를 억제할 그 무엇이 아무것도 없기 때문이다.

 공기도 없고 중력도 약한 우주공간에서라면 각운동량 보존법칙이 더욱 민감하게 작동한다. 〈그래비티〉에서 사고를 당한 스톤 박사(샌드라 블록)가 계속해서 어지럽게 회전하는 장면이 나온다. 충돌에 의해 없던 각운동량이 생겨 우주공간에 내버려졌으므로, 이 각운동량은 계속 보존이 된다. 스톤 박사가 아무리 몸부림을 쳐도 빙빙 도는 자신의 몸을 가눌 수는 없다. 실제 우주선도 각운동량 때문에 곤욕을 치른 경우가 있다. 1986년 보이저 2호가 천왕성 근처를 지날 때의 일이다. 사진촬영을 기록하기 위해 내장된 테이프 기록장치가 빠르게 돌았다. 기록장치가 돌았다면 무엇에 대해 돌았다는 뜻일까? 바로 보이저 2호 선체에 대해서 돌았다는 말이다. 그 결과로 보이저 2호의 선체는 반대방향으로 아주 조금씩 틀어지기 시작했다. 지상에서 보이저 2호를 관제하던 사람들은 나중에야 그 원인을 알게 되었고 이때마다 자세교정을 해야만 했다. 이 원리를 활용하면 우주선 안에 배의 키잡이 같은 커다란 회전바퀴를 설치해서 우주선의 자세를 제어할 수 있다.

각운동량과 중력이 함께 작동하면 좀 더 복잡한 현상이 생긴다. 지구에서 약 12시간을 주기로 바닷물이 오르락내리락하는 조석현상이 생기는 주된 원인은 달의 인력 때문이다(태양은 질량이 크지만 거리가 너무 멀다). 지구의 입장에서 보자면 지구 자신이 달의 중력장 속에 놓여 있기 때문에 지구의 모든 요소가 달 방향으로 약간 늘어진다. 이때 지구에서 달을 향하는 쪽은 달의 중력을 강하게 받고 그 반대쪽은 달의 중력을 약하게 받으므로, 결과적으로 지구는 달의 방향으로 양쪽에서 잡아당겨 늘어진 모양을 하게 된다. 이처럼 중력 차이에 의해 양쪽에서 잡아당기는 힘을 '기조력'이라고 부른다. 달에 의한 기조력 때문에 지구의 바닷물은 달을 향한 방향과 달의 정반대 방향 양쪽에서 부풀어 오른다. 물론 지각도 비슷한 영향을 받아서 최대 25센티미터 정도 들린다. 목성의 위성 중 이오는 목성과 가깝기 때문에 목성에 의한 기조력이 강력해서 지각운동이 매우 활발하다.

문제는 달의 기조력 때문에 지구의 바닷물이 부풀어 오른 상태에서 지구가 자전을 할 때 생긴다. 지구가 자전하면 지구의 부푼 면이 달의 방향을 지나쳐 돌아가게 되는데, 이때 지구의 부푼 면이 달과 중력 작용을 하게 되어 지구의 자전을 늦추는 효과를 발휘한다. 지구의 자전에 일종의 브레이크가 걸리는 셈이다.

- 달의 기조력과 브레이크 -

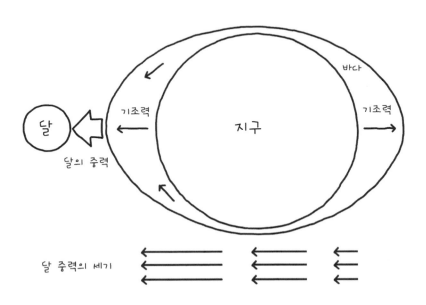

바다

기조력   기조력

달   지구

달의 중력

달 중력의 세기

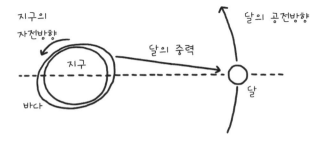

지구의
자전방향   달의 공전방향

지구   달의 중력

바다   달

요약하자면 달의 기조력 때문에 지구 자전에 브레이크가 걸려서 지구의 자전속도가 느려진다는 이야기이다. 그 결과로 하루는 점점 길어진다! 어느 정도인가 하면, 1년에 100만분의 17초 정도 된다. 대략 400만 년이 지나면 1분이 길어지고, 2억 1,000만 년 뒤면 약 1시간이 길어진다. 하루가 점점 길어진다면, 그럼 오랜 옛날에는 하루가 짧았을까? 빙고.

　이 거짓말 같은 주장을 뒷받침할 만한 증거가 있을까? 있다. 있고말고. 미국의 고생물학자 존 웰스는 산호화석의 성장선을 조사했다. 산호의 성장속도는 밤낮으로 차이가 난다. 그 결과 산호화석에는 나이테와 같은 무늬가 생기고 1년 단위로 무늬마루가 생긴다. 이것을 산호의 성장선이라고 한다. 그러니까 아주 옛날 산호화석을 구해서 1년에 해당하는 성장선을 세면 당시의 1년이 며칠인지 짐작할 수 있다. 이런 식으로 조사한 결과 지금으로부터 약 4억 1,000만 년~3억 6,000만 년 전인 데본기 중기에는 1년이 약 400일, 따라서 하루는 약 22시간이었다! 이 결과는 하루의 길이가 2억 년에 1시간 길어진다는 추정치와 잘 맞아떨어진다.

　한편, 지구의 자전이 느려지면 지구의 회전각속도가 줄어든 셈이니까 지구-달 시스템 전체의 각운동량이 작아진다.

지구—달을 독립된 시스템으로 생각했을 때 전체의 각운동량이 보존되어야 할 터, 지구 자전이 느려지면서 줄어든 각운동량이 다른 식으로 반드시 벌충될 것이다. 결과부터 말하자면 달이 지구 주위를 도는 회전반경이 커지면서 전체 각운동량이 균형을 맞춘다. 지구가 까먹은 각운동량을 달이 공전궤도를 키우면서 벌충한다는 뜻이다. 달의 공전궤도가 커진다? 이 말을 일상의 언어로 바꾸면, 달이 지구에서 점점 멀어진다는 뜻이다! 실제로 달은 지구에서 매년 3.8센티미터씩 멀어지고 있다.

지금까지는 지구의 입장에서 바라본 현상이었다. 달의 입장에서 보자면 달은 지구에 의한 기조력을 똑같이 받을 것이다. 다만 달에는 물이 없을 뿐이다. 하지만 여전히 지각은 약간 부풀어 올라 지구와 마찬가지로 자전이 느려진다. 이 과정은 달의 부푼 면이 항상 지구를 향할 때까지 계속될 것이다. 달의 부푼 면이 항상 지구를 향한다는 말은, 달이 항상 같은 면을 지구로 향하게 될 것이라는 말이다. 이것이 가능하려면 달의 자전주기는 달의 공전주기와 같아야 한다. 그러니까 달은 지구의 기조력 때문에 자전주기와 공전주기가 같아지는 날이 온다는 이야기이다. 이것을 '동주기자전'이라고 부른다. 여러

분도 잘 알겠지만, 지금 우리의 달은 이미 동주기자전을 하고 있다! **그래서 달은 언제나 같은 면만 우리에게 보여준다.**

　기조력을 이해하면 〈인터스텔라〉의 디테일을 살펴보는 짭짤한 재미를 느낄 수 있다. 쿠퍼 일행이 처음 도착한 물의 행성(일명 밀러의 행성)은 엄청난 중력을 가진 초대형 블랙홀 근처에 있다. 그렇다면 블랙홀에 의한 기조력이 장난이 아닐 것이다. 스크린을 수직으로 가득 채운, 정말로 산더미 같은 파도는 아마 블랙홀의 강력한 기조력 때문에 생겼을 것이다. 그렇다면 밀러의 행성에서도 활발한 지각활동이 일어나고 있지 않을까?

특수상대성이론

전자 바이올린 연주자로 유명한 바네사 메이의 음반을 처음 샀을 때가 거의 20년쯤 전인 것 같다. 그 무렵 언론에 소개된 바네사 메이는 음악신동으로서의 면모를 모두 갖추고 있었다. 동서양을 막론하고 천재들은 세 살 때 뭔가를 한다. 모차르트가 누나를 따라 건반을 두드린 것이 세 살 때였고, 영국의 철학자 존 스튜어트 밀이 그리스 어를 배우기 시작한 것도 세 살, 타이거 우즈가 골프채를 잡은 것도 세 살이었다. 조선시대의 천재들도 예외는 아니어서, 김시습은 세 살에 천자문을 뗐고, 이이는 세 살에 글을 모두 깨쳤으며, 사도세자는 세 살에 효경을 읽었다고 한다.

혹시 내 자식이 신동이 아닐까 하는 생각이 든다면 지금 열거한 천재들의 사례를 참고할 만하다. 바네사 메이도 세 살 때 피아노를 치기 시작했다. 다섯 살 때는 바이올린을 연주하기 시작했고, 열세 살 때에 처음으로 협주곡 무대에 올라 베토벤, 차이콥스키와 함께 이 부문 최연소 기록으로 기네스북에도 올랐다고 한다. 그러나 그 모든 화려한 경력보다도 아직까지 내 기억에 어렴풋이 남아 있는 바네사 메이의 가장 인상적인 경력은 바네사 메이의 생일이었다. 그가 태어난 10월 27일(1978년)은 이탈리아의 위대한 바이올린 연주자 파가니니가 태어난 날(1782년)과 같다. 호사가들에게는 천재의 재림이니 파가니니의 환생이니 하는 좋은 이야깃거리임에 틀림없다.

과학책을 읽다 보면 이와 비슷한 우연의 일치를 강조하는 경우와 가끔 마주친다. 갈릴레오가 사망한 1642년에 뉴턴이 태어났고(그것도 크리스마스에!), 제임스 클러크 맥스웰이 죽은 1879년에 아인슈타인이 태어났다는 식이다. 다른 사람들도 아니고 '과학자'를 소개하는 마당에 이런 우연을 강조하는 것이 한편으로는 너무한다는 생각도 들었다. 갈릴레오가 뉴턴으로, 맥스웰이 아인슈타인으로 환생하기라도 했다는 것일까? 뭔가 그런 정기를 이어받았다는 것을 강조하고 싶은 것일까? 하지만 이런 식의 연결이 주의를 환기시키고 관심을 집중시키는 데에 조금이나마 도움이 되는 것도 사실이다. 나도 가끔 수업 시간에 "갈릴레오가 죽던 해에 또 다른 거장이 태어났다"라는 표현을 쓰기도 한다. 업적만 놓고 본다면 뉴턴이나 아인슈타인이 갈릴레오나 맥스웰의 환생이라고 해도 전혀 모자람이 없을 정도이기는 하다.

보통 사람들은 맥스웰 하면 커피부터 떠올릴 것이다. 제임스 클러크 맥스웰은 19세기를 대표하는 가장 위대한 과학자로서, 뉴턴과 함께 고전역학을 대표하는 인물이라고 할 수 있다. 맥스웰은 어려서부터 신동의 기운이 있었던 모양이다. 여덟 살에 성경에 있는 시를 119편이나 암송했고, 열네 살에 논문을 썼으며, 열여섯 살에 에든버러대학교에 들어갔다. 예외 없는 규칙은 없는지, 아인슈타인은 어렸을 때 특별히 신동의 징후를 보이지 않았다(여러분의 자녀가 세 살이 되도록 너무나 평범하더라도 크게 실망하지 말기 바란다). 오히려 두 살이 되도록 말을 배우지 못해 부모가 걱정했다는 일화도 있다. 아인슈타인은 어린 시절 여동생 마야를 괴롭힌 일로도 유명하다. 마야에게 볼링공을 던지거나 머리를 팽이로 사정없이 내리치기도 했다고 한다. 훗날 마야는 이런 말을 하기도 했다. "천재 오빠를 둔 동생의 두개골은 단단해야 해요."

실제로 아인슈타인과 맥스웰의 관계(인간적인 관계 말고 그들이 이룬 과학적인 성취 사이의 관계)를 잘 알면 상대성이론을 이해하는 데에 큰 도움이 된다. 대개는 상대성이론을 말할 때 이 부분을 생략하기 때문에 26세의 아인슈타인이 1905년에 어떻게 그런 엄청난 결론에 이르게 됐는지 자세한 맥락을 놓치는 경우가 많다. 그래서 **상대성이론에 관한 우리의 이야기는 19세기의 가장 위대한 과학자로 추앙받는 맥스웰부터 시작하는 것도 나쁘지 않을 것 같다.** 어쨌든 그가 죽던 해에 아인슈타인이 태어났으니까.

맥스웰은 통계역학의 정립에도 큰 공헌을 했지만, 뭐니 뭐니 해도 역시 그의 가장 큰 업적은 자신의 이름이 붙은 4개의 방정식으로 전자기학을 간단하게 요약 정리한 것이다. 전자기학은 전기와 자기(자석이 만드는 현상)를 다루는 과학이다. 전기와 자기는 장場, field이라는 개념으로 설명하면 편리하다. 장이란 한마디로 공간의 성질이다. 예를 들어 자석을 책상 위에 갖다 놓으면 그 주변 공간의 성질이 바뀐다. 이것은 자석이 주변 공간에 자기장을 형성하기 때문이다. 자석 주변에 쇳가루를 뿌리면 자석 주변의 공간이 어떻게 바뀌었는지 알 수 있다. 전기장도 자기장과 마찬가지로 생각할 수 있다. 다만 전기장은 전기를 띤 입자가 형성하는 공간의 성질이다.

맥스웰이 전자기현상을 정리한 방정식, 즉 맥스웰 방정식은 전기장과 자기장에 관한 네 가지 방정식이다. 첫 번째와 두 번째 방정식은 각각 전기장과 자기장에 관한 식이다(좀 더 자세하게 말하자면 전기장과 자기장을 만들어내는 근원source에 관한 식이다). 세 번째 식은 전기장을 시간에 따라 변화시키면 그 주변에 자기장이 생긴다는, 암페어의 법칙을 정리한 식이다. 네 번째 식은 자기장을 시간에 따라 변화시키면 그 주변에 전기장이 생긴다는, 패러데이의 전자기 유도법칙이다. 전자기 유도법칙은 전류, 즉 전기가 어떻게 만들어지는가를 설명하는 식이다. 지금도 우리는 이 식에 따라 전기를 만들어서 쓰고 있다. 자석 주변에 도선을 감고 자석을 돌리면 그 도선에 전류가 흐른다. 이때 자석을 돌리는 힘이 높은 곳에 가둔 물이면 수력발전이다. 석탄 같은 화석연료로 물을 데워 그 증기로 자석을 돌리면 화력발전이다. 원자력발전은 우라늄을 핵분열 시켜서 그때 나오는 에너지로 물을 데워 자석을 돌린다.

맥스웰 방정식의 세 번째와 네 번째 식에는 이렇듯 전기장과 자기장이 서로 얽혀 있다. 이 방정식들을 잘 풀면 전기장과 자기장에 대한 방정식을 따로따로 뽑아낼 수 있다. 이렇게 새로 유도된 두 방정식을 (5E)와 (5B)라 하자(보통 전기장은 E, 자기장은 B로 표기한다). 놀랍게도 (5E)와 (5B)는 그 모양이 똑같았다. 전기장을 자기장으로 바꿔치기해도 아무런 상관이 없다. 더욱 놀라운 것은 (5E)와 (5B)의 모양 그 자체였다. 그 모양은 물리학자들이 너무나 잘 알던 방정식, 즉 파동방정식이었다. 밧줄을 흔들어 파동을 만들었을 때 그 밧줄이 만족하는 방정식이 파동방정식이다. 그러니까 전기장과 자기장이 뒤섞여 있는 맥스웰 방정식을 잘 요리하면 전기장에 대한 파동방정식과 자기장에 대한 파동방정식을 얻게 된다는 것이다.

모든 파동방정식은 그 안에 파동이 진행하는 속도를 포함하고 있다. 대학교 저학년 수준의 물리학을 배운 사람이라면 파동방정식을 봤을 때 그 방정식이 표현하는 파동의 진행속도가 얼마인지 단번에 알 수 있다. 맥스웰 방정식에서 유도한 (5E)와 (5B)도 마찬가지이다. 두 방정식은 모양이 똑같으니까 각 파동, 즉 전기장과 자기장이 파동을 만들며 진행하는 속도도 똑같다. 그 값은 얼마였을까?

바로 광속이었다. 초속 30만 킬로미터.

전기장과 자기장은 광속으로 진행한다!

(속도$_{velocity}$는 크기와 방향이 있는 양이고, 속도의 크기를 속력$_{speed}$
이라 부른다. 광속$_{speed\ of\ light}$은 속도가 아니라 속력이다. 큰 혼란이 없
는 한 이 글에서는 두 개념을 엄밀하게 구분하지 않고 쓰기로 한다.)

상황이 그러하다면, 원래 빛이라는 것이 혹시 전기장과 자
기장의 파동 아니야? 하고 의문을 가질 만하다. 실제로 맥스
웰은 자신의 방정식을 완전한 형태로 발표(1873년)하기 전에
빛은 전자기파라고 주장했다(1862년). 이후 헤르츠는 1887년
간단한 회로를 만들어 전자기파를 발생시켜 수신하는 데에
성공했다. 전자기파의 실재가 증명되었을 뿐만 아니라 무선
통신의 새 시대가 열린 것이다.

빛이 전자기파인 것까지는 좋으나, 미묘한 문제들이 있었
다. 파동방정식에 등장하는 속도는 파동의 매질媒質(매개물)에
대한 속도이다. 파도의 매질은 물이고, 야구장에서 볼 수 있
는 파도타기 응원의 매질은 관중들이다. 소리는 공기를 매질
로 하는 파동이다. 빛이 광속으로 전파되는 전자기파라는 말
은, 빛이 전자기파를 매개하는 물질에 대해 광속으로 진행한

다는 뜻이다. 그렇다면 빛을 매개하는 물질은 무엇인가? 사람들은 그 물질을 에테르라고 불렀다. 에테르는 고대 그리스 시절 흙, 물, 불, 공기 다음의 제5원소로서 아리스토텔레스의 천상계를 채운다고 여겼던, 유구한 역사를 자랑하는 물질이다. 과학자들은 기를 쓰고 에테르를 검출하려고 했다.

그러나 에테르를 찾으려던 모든 노력은 실패했다. 가장 대단한 실패는 1887년 마이컬슨과 그의 조수 몰리가 했던 실험(일명 마이컬슨-몰리 실험)이었다. 이 실험은 빛의 간섭현상을 이용한 실험이었다. 간섭현상과 마이컬슨-몰리 실험은 물리학의 역사에서 아주 중요한 내용들이라 약간의 설명이 필요하다. 현재 진행되고 있거나 계획 중인 중력파 검출 실험도 근본적으로 같은 원리에 기초해 있다. 조금 지루하더라도 잘 익혀두면 현대 과학의 최전선을 이해하는 데에도 큰 도움이 된다.

간섭은 파동의 고유한 성질이다. 두 사람이 밧줄의 양 끝을 잡고 각자 파동을 만들어 흔드는 경우를 생각해보자. 양끝에서 만들어진 파동은 가운데에서 만나 새로운 파동을 형성할 것이다. 만약에 오른쪽 파동의 골과 왼쪽 파동의 마루가 만났다면 가운데에서는 골과 마루가 합쳐져 파동이 상쇄돼 없어질 것이다(상쇄간섭). 반면 골과 골이 만나거나 마루와 마루가 만난다면 더 큰 진폭의 파동이 형성될 것이다(보강간섭). 이처럼 둘 또는 그 이상의 파동이 중첩되어 새로운 파동을 만드는 현상을 파동의 간섭이라고 부른다.

파동의 간섭현상을 가장 극적으로 관찰할 수 있는 실험으로 '두 틈 실험'(여기서는 설명하지 않겠지만, 이 실험은 양자역학에서도 매우 중요한 실험이다)이 있다. 실험은 간단하다. 가늘고 긴 2개의 구멍을 뚫은 가로막을 준비한다. 그 뒤에 광원을 두어 광원에서 나온 빛이 두 틈을 지나게 하고, 광원의 반대편에 멀리 스크린을 설치한다.

만약에 야구공을 두 틈으로 던졌다면, 반대편 스크린에는 두 틈의 모양을 본뜬 야구공의 흔적이 남을 것이다. 각 틈에서 가장 가까운 스크린에 가장 많은 야구공이 도달할 것이기 때문이다. 이것은 야구공이 파동이 아니라 입자이기 때문에 나타나는 현상이다. 두 틈으로 빛을 비추면 상황이 달라진다. 스크린의 한가운데가 가장 밝다. 각 틈을 지나온 두 경로의 빛이 구면파를 이루면서 스크린에 도달했을 때 두 파동이 간섭을 일으키기 때문이다. 스크린의 한가운데는 두 틈

- 두 틈 실험 -

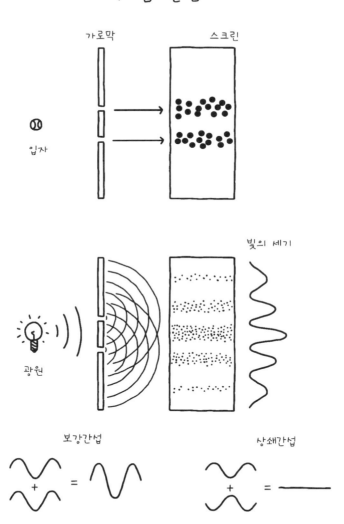

가로막   스크린

입자

광원

빛의 세기

보강간섭   상쇄간섭

으로부터 똑같은 거리에 위치한 지점이다. 한쪽 틈에서 골－마루－골－마루－…의 패턴(이것을 위상이라고 부른다)을 가진 빛이 도착했다면, 다른 틈에서 오는 빛도 골－마루－골－마루－…의 똑같은 패턴으로 도착할 것이니까 스크린의 한가운데에서는 두 빛이 보강간섭을 일으킨다. 보강간섭은 두 파동의 위상이 일치할 때 생긴다.

스크린의 한가운데에서 약간 바깥쪽에 위치한 지점에서는 한쪽 파동의 골과 다른 쪽 파동의 마루가 만나서 상쇄간섭을 일으킨다. 한쪽 틈에서 이 지점에 이르는 거리와 다른 쪽 틈에서 이 지점에 이르는 거리가 다르기 때문에 두 파동의 골－마루－골－마루－…로 진행되는 패턴이 일치하지 않고 정반대의 패턴을 보이는 때가 있기 때문이다(위상이 정반대). 그 결과 이 지점은 어둡다. 여기서 다시 바깥쪽으로 더 나가면 두 틈에서 이르는 거리 차이가 더 늘어나면서 다시 두 파동의 위상이 일치하는 지점이 생긴다. 여기서는 빛이 다시 밝아진다.

이 과정을 반복하면 스크린에는 가운데가 가장 밝고 양쪽 바깥으로 가면서 어둡고 밝아지기를 반복하는 독특한 무늬가 생긴다. 이것을 간섭무늬라고 부른다. 빛이 입자라면 결코 생길 수 없는 무늬이다. 영국의 토머스 영은 1801년 이 실험을 통해 빛이 파동임을 보였다.

　미국의 물리학자인 마이컬슨은 조수 몰리와 함께 빛의 간섭현상을 이용해 에테르를 검출하려고 했다. 실험장치는 이렇다. 둥그런 원판 위에 편의상 동, 서, 남, 북을 표시한다(실제 동서남북과는 전혀 상관이 없다). 서쪽 끝에 광원이 있다. 광원에서 나온 빛이 원판 가운데에 있는 빛 가르개에 이른다. 빛 가르개는 빛의 절반을 통과시켜 동쪽으로 보내고 나머지 절반은 수직으로 반사시켜 북쪽으로 보낸다. 빛 가르개에서 수직과 수평으로 갈라진 빛은 같은 거리를 날아가서 동쪽 끝과 북쪽 끝에 설치된 거울에 반사된다. 반사된 빛은 다시 원판 가운데의 빛 가르개에 이르는데, 북쪽에서 반사된 빛의 일부는 가르개를 통과해서 남쪽으로 가게 되고 동쪽에서 반사된 빛의 일부는 가르개에 반사되어 역시 남쪽으로 가게 된다.

　관측자는 남쪽 끝에서 두 빛을 관찰한다. 하나의 빛은 가르개→북쪽→가르개→남쪽의 경로를 따라왔고, 다른 빛은 가르개→동쪽→가르개→남쪽의 경로를 따라왔다. 실험장치상의 각 경로가 모두 같은 길이라면, 남쪽의 관측자는 마치 두 틈 실험의 스크린에서와 같은 간섭무늬모양을 보게 될 것이

- 마이컬슨-몰리 실험 -

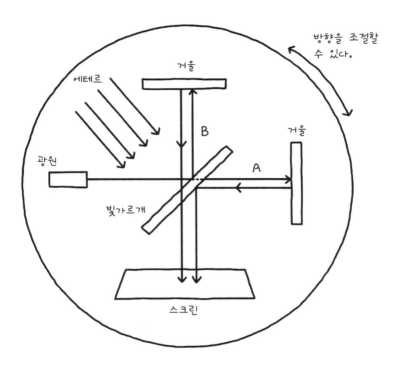

만약 에테르가 흐른다면 A경로와 B경로의 이동시간은 다르다.
그러나 어떤 방향에서 실험을 하든 두 경로의 시간차는 없었다.

다. 즉, 중심이 가장 밝고 바깥으로 가면서 어둡고 밝은 패턴이 반복되는 무늬를 보게 된다. 이런 장치를 간섭계interferometer라고 부른다.

이 장치가 에테르와 무슨 상관이 있을까? 만약에 우리 우주가 에테르로 가득 차 있다면, 지구와 태양은 에테르 속을 날아다니는 꼴이 된다. 지구의 입장에서 보자면 마치 공기 속을 달릴 때 바람이 얼굴을 때리는 것처럼 지구의 운동방향에서 불어오는 에테르의 바람을 맞게 될 것이다. 에테르의 바람이 어느 방향일지는 몰라도, 마이컬슨—몰리 실험장치에서 빛이 진행하는 수평경로와 수직경로에 일반적으로 다르게 작용할 것임은 분명하다. 그렇다면 에테르를 매질로 하는 빛이 수평경로와 수직경로를 질주하는 속도가 달라질 것이고, 그 결과 남쪽에 도달했을 때 두 빛의 위상이 일치하지 않을 것이다!

마이컬슨은 지구의 운동을 고려한 결과 에테르에 의한 간섭무늬의 변화가 한 무늬 굵기의 0.4배 정도 될 것으로 예상했다. 즉, 간섭무늬가 전체적으로 0.4배 무늬 정도의 폭으로 한쪽으로 치우쳐 관측될 것이다. 실제 관측결과는 어땠을까? 간섭무늬의 이동이 거의 없었다! 마이컬슨과 몰리는 실험장치를 전체적으로 90도 회전시키거나 계절의 변화에 따른 간섭무늬 변화 등을 보기 위해 가능한 모든 방법을 동원했으나, 결국 간섭무늬의 변화를 전혀 볼 수 없었다. 마이컬슨의 간섭계는 당시로서는 굉장히 정밀한 기계였다. 과학자들은 이 결과를 어떻게 받아들였을까? 여러분이라면?

보통 사람들의 통념과는 달리, 에테르라는 물질이 아예 없는 것이 아닐까? 하고 생각한 과학자는 거의 없었다. 한두 번의 실험결과로 자신의 과학적 신념이나 이론체계가 바뀌는 경우는 극히 드물다. 스승인 티코 브라헤의 관측 데이터를 철석같이 믿었던 케플러가 오히려 예외에 가깝다. 그때 19세기말 과학자들이 손쉽게 선택한 방법 중 하나는 맥스웰의 방정식에 손을 대는 것이었다. 전자가 운동하면서 전자기파를 낸다고 생각해보자. 이때 나오는 전자기파의 속도는 전자의 속도를 등에 업고 있으므로 에테르가 정지한 경우의 전자기파의 속도, 즉 광속과는 다를 것이다. 그렇다면 이 전자기파를 기술하는 맥스웰 방정식은 적절하게 바뀌어야만 한다.

맥스웰 방정식에 손대지 않는 방법은 없을까? 있다. 세상에는 참 영리한 사람들이 많다. 헨드릭 로렌츠도 그런 사람이었다. 로렌츠는 맥스웰 방정식에 손을 대지 않았다. 그는 정말 황당한 해결책을 제시했다. 에테르 속을 움직이는 물체는 광속의 변화를 상쇄하기 위해 진행방향의 길이가 줄어든다는 것이다! 이것이 1892년의 일로, '로렌츠 수축'현상이라고 부른다(1889년 조지 피츠제럴드도 비슷한 결론에 이르렀다고 한다). 아인슈타인이 등장하기 직전의 이 상황을 이해하지 못하면, 아인슈타인이 왜 상대성이론을 주창하면서 대담한 가정을 도입했는지 이해하기 어렵다.

내 자식이 혹시 천재가 아닐까 하는 부모들이 세 살 이후 점검해봐야 할 마지막 나이가 20대 중반이다. 1905년, 26세의 아인슈타인은 5편의 논문을 썼다. 그중 3편은 물리학의 역사를 바꾼 논문들이다. 아인슈타인에게 노벨상을 안겼음은 물론이다(1921년). 특수상대성이론에 관한 논문도 이때 나왔다. 논문의 제목은 「움직이는 물체의 전기동역학에 관하여」이다. 왜 움직이는 물체가 중요했는지는 에테르와 맥스웰 방정식과 마이컬슨-몰리 실험 때문에 짐작이 갈 것이다. 아인슈타인은 두 가지 가정을 했다.

1. 모든 관성좌표계에서 물리법칙은 똑같다
2. 모든 관성좌표계에서 광속은 똑같다

관성좌표계란 관성의 법칙이 성립하는 좌표계이다. 하나의 좌표계에 대해 속도의 변화 없이 일정한 속도로 운동(등속운동)하는 모든 좌표계들은 서로가 다 관성좌표계이다. 한마디로 말해서 관성좌표계에는 없던 힘이 생겨나지 않는다. 만약에 한 좌표계가 가속운동을 한다면 관성력이 생긴다. 버스가 갑자기 출발하면 몸이 뒤로 젖혀진다. 없던 힘이 생긴 것이다. 이런 좌표계에서는 관성의 법칙이 성립하지 않는다. 특수상대성이론은 관성좌표계들, 즉 서로 등속운동 하는 좌표계들 사이의 관계에 관한 이론이다. 〈인터스텔라〉에서 지구에 남겨진 딸 머피가, 우주선 인듀어런스호를 타고 일정한 속도로 날아가는 아빠 쿠퍼를 기술할 때 필요한 물리학이 바로 특수상대성이론이다.

　눈치 빠른 독자들은 벌써 짐작했겠지만, 아인슈타인의 가정 1번은 맥스웰의 방정식을 염두에 둔 것이다. 물리법칙은 대개 방정식의 형태로 드러난다. 맥스웰 방정식은 전자기현상에 관한 물리법칙을 집대성한 방정식이다. 만약 물리적인 대상의 운동 상태에 따라서 그와 관련된 방정식 또는 물리법칙이 바뀐다면, 그런 법칙을 우리가 자연의 법칙$_{law}$이라고 부를 수 있을까? 법칙은 보편성이 생명이다. 언제 어디서나 성립하기 때문에 법칙의 지위에 오를 수 있다. 만유인력의 법칙을 생각해보라. 로렌츠가 맥스웰 방정식에 손을 대지 않은 것도 그런 이유 때문인지도 모른다. 언제 어디서나 성립하는 법칙을 추구하는 것은 어쩌면 과학자의 숙명과도 같은 임무이다. 그 숭고한 임무를 포기하지 않고 아인슈타인이 깃발을 든 것이다. 브라보!

아인슈타인이 가정 1번을 고집한 데에는 맥스웰에 대한 존경심이 깊었던 탓도 있었다고 한다. 그리고 당대 최고의 과학자 중 한 명이었던 로렌츠도 그 길을 선택했다. 그에 비하면 아인슈타인의 가정 2번은 정말로 획기적이고 혁명적이다. 물론 맥스웰 방정식이 언제 어디서나 모든 관성좌표계에서 항상 성립하니까 거기서 유도된 전자기파의 속도는 언제 어디서나 모든 관성좌표계에서 항상 광속일 수밖에 없다. 하지만 이 가정이 얼마나 황당무계한 결과를 초래하는지는 조금만 생각해보면 알 수 있다.

자동차를 타고 가면서 옆 차선의 자동차를 바라보면 그 자동차의 속도는 느려 보인다. 내 차도 움직이고 있기 때문에 두 차 사이의 상대속도가 중요하다. 날아가는 인듀어런스호 안에서 쿠퍼가 시속 100킬로미터의 속도로 야구공을 던진다면, 지구에 남아 있는 머피가 관측한 야구공의 속도는 우주선의 속도가 더해진 값일 것이다. 이것이 우리의 상식이다.

빛은 어떨까? 땅에 서서 달리는 자동차의 전조등을 바라보면, 그 불빛은 광속에 자동차의 속도를 더한 값이 될까? 반대로, 우리가 차를 타고 달리면서 정차해 있는 자동차의 전조등 불빛을 본다면 그 불빛은 광속보다 더 느리게 보일까? 만약에 우리가 광속으로 자동차를 몰면서 정차해 있는 자동차의 전조등을 본다면, 그렇다면 그 불빛은 정지한 것으로 보일까? 빛이 정지해 있다는 것은 대체 어떤 상황일까? 이와 똑같은 고민을 아인슈타인은 10대에 했다고 한다. 아인슈타인의 가정 2번에 따르면 위에서 열거한 그 어느 상황에서도 빛은 항상 광속으로 관측된다. 내가 땅에 서서 움직이는 자동차의 불빛을 보든, 차를 타고 움직이면서 정차한 자동차의 불빛을 보든 빛은 언제나 광속이다. 머피가 날아가는 인듀어런스호의 불빛을 봐도 그 불빛은 여전히 광속으로 움직인다. 이것이 광속불변이다.

아인슈타인은 광속불변이 우리 우주의 근본원리라고 생각했다. 에테르 따위는 필요도 없다(아인슈타인은 마이컬슨—몰리 실험이 자신에게 큰 영향을 주지는 않았다고 했다). 이런 것이 가능할까? 움직이는 좌표계에 대해서 물리법칙도 똑같고 광속도 항상 똑같은 그런 이론이 가능할까? 아인슈타인이 발견한 것은 바로 그것이 가능한 이론이었다. 물론 엄청난 대가가 필요했다. 좌표는 바뀌는데 방정식은 그 형태가 변하지 않고 광속도 항상 똑같으려면, 그 밖의 무언가가 좌표변환과 함께 바뀌어야만 한다. 그것이 대체 뭘까?

바로 좌표를 구성하는 시간과 공간 자체이다! 시간과 공간이 바뀌지 않고서는 정지한 좌표계에서 움직이는 좌표계로 전환했을 때 물리 방정식과 광속을 일정한 형태로 유지할 수가 없다.

이것은 정말로 혁명적인 관점의 변화이다. 아인슈타인 이전의 고전적인 뉴턴 역학체계에서는 시간과 공간이 언제 어디서나 절대적으로 붙박이처럼 우리 우주에 각인된 물리량이었다. 그렇게 절대적으로 고정된 시간과 공간 속에서 물리적인 대상이 어떻게 시간에 따라 공간 속에서 변해가는지를 기술하는 것이 바로 뉴턴 역학의 핵심이다. 이 체계에서는 시간과 공간이 절대적인 붙박이이기 때문에 맥스웰 방정식이 바뀌기도 하고 광속도 변한다.

그러나 아인슈타인의 새로운 역학체계에서는 시간과 공간이 그 절대적인 지위를 잃어버렸다. 대신에 광속이 그 자리를 꿰차고 앉았다. 수천 년 동안 우리 우주의 가장 기본적이고 근본적인 절대량이라고 생각해왔던 시간과 공간이 우리 우주의 근본적인 속성과 전혀 상관이 없다는 것이 아인슈타인의 주장이다. 사실 시간이니 공간이니 하는 개념들은 우리 인간에게 편리한 개념들이다. 인간이 이 우주의 특별한 존재가 아닌 이상(누군가에게는 그럴지도 모르겠으나 과학적으로는 전혀 그렇지가 않다), 인간에게 편리하거나 익숙한 개념이 우주의 근본원리를 내포하고 있을 가능성은 별로 없다. 시간이나 공간보다 더 자연의 근본원리를 내포한 물리량이 있다면 우리는 기꺼이 그 물리량을 중심으로 자연과 우주를 기술해야만 할 것이다. 아인슈타인이 그중의 하나를 찾은 것이다. 바로 광속이다.

　　광속은 인간에게 익숙한 개념이 아니다. 우리는 초속 30만 킬로미터로 빨리 움직이는 무언가에 적응하도록 진화하지 않았다. 수백만 년에 걸친 인간의 습관은 광속보다 훨씬 느린 세상에 적응해버렸다. 그런 까닭에 광속을 중심으로 자연을 기술하게 되면 우리의 직관으로 이해하기 힘든 일들이 벌어진다. 수백만 년에 걸친 진화의 압력을 이겨내야만 이해가 가능하다. 저명한 물리학자인 미국의 레너드 서스킨드는 이를 두고 '생각의 회로를 재배선'해야만 했다고 설명한다. 아인슈타인은 수백만 년에 걸친 진화의 결과로 형성된 우리 생각의 회로를 바꾸기 시작한 최초의 인간이었다. 그 때문에 아인슈타인은 가장 위대한 과학자의 반열에 오를 수 있었다.

광속은 어쨌든 하나의 속력이다. 이동거리를 시간으로 나눈 값이다. 광속 자체에 시간과 공간이 뒤얽혀 있다. 만약에 광속이 자연의 근본적인 물리량이고 이 값이 항상 일정하게 유지되도록 자연이 돌아가려면, 시간과 공간이 그에 따라 역동적으로 바뀔 수밖에 없다. 뿐만 아니라 시간과 공간이 이제 더 이상 별개의 독립적인 물리량이어서는 안 된다. 서로 얽혀서 언제나 광속불변을 만족해야만 한다. 그래서 시간과 공간은 아인슈타인 이래로 하나의 시공간으로 다시 태어났다. 이것이 상대성이론이다.

상대성이론에서는 속도를 더하는 방식도 고전적인 방식과 다르다. 빛에 관한 한, 내가 자동차를 타고 가면서 관측하든 정지해서 관측하든 또는 움직이는 차량의 불빛을 관측하든

메이커스 주니어

만들며 배우는 어린이 과학잡지

(초중등 과학 교과 연계!)

교과서 속 과학의 원리를 키트를 만들며 손으로 배웁니다.

메이커스 주니어 01

50쪽 | 값 15,800원

홀로그램으로 배우는 '빛의 반사'

Study | 빛의 성질과 반사의 원리

Tech | 헤드업 디스플레이, 단방향 투과성 거울, 입체 홀로그램

History | 나르키소스 전설부터 거대 마젤란 망원경까지

make it! **피라미드홀로그램**

메이커스 주니어 02

74쪽 | 값 15,800원

태양에너지와 에너지 전환

Study | 지구를 지탱한다, 태양에너지

Tech | 인공태양, 태양 극지탐사선, 태양광발전, 지구온난화

History | 태양을 신으로 생각했던 사람들

make it! **태양광전기자동차**

메이커스

정식 한국어판 大人の科学 韓国版

---

vol.1

70쪽 | 값 48,000원

천체투영기로 별하늘을 즐기세요!
이정모 서울시립과학관장의
'손으로 배우는 과학'

make it! **신형 핀홀식 플라네타리움**

---

vol.2

86쪽 | 값 38,000원

나만의 카메라로 촬영해보세요!
사진작가 권혁재의
포토에세이 사진인류

make it! **35mm 이안리플렉스 카메라**

---

vol.3

Vol.03-A 라즈베리파이 포함 | 66쪽 | 값 118,000원
Vol.03-B 라즈베리파이 미포함 | 66쪽 | 값 48,000원
(라즈베리파이를 이미 가지고 계신 분만 구매)

라즈베리파이로 만드는
음성인식 스피커

make it! **내맘대로 AI스피커**

---

vol.4

74쪽 | 값 65,000원

바람의 힘으로 걷는 인공 생명체
키네틱 아티스트
테오 얀센의 작품세계

make it! **테오 얀센의 미니비스트**

---

vol.5

74쪽 | 값 188,000원

사람의 운전을 따라 배운다!
AI의 학습을 눈으로 확인하는
딥러닝 자율주행자동차

make it! **AI자율주행자동차**

어느 경우나 항상 광속으로 유지가 된다는 말을 들은 사람들은 십중팔구 대체 그것이 어떻게 가능하냐고 되묻는다. 상대성이론을 처음 배울 때의 나도 그랬고, 지금 내 수업을 듣는 대학원생들도 그랬다.

아주 간단한 예를 들어, 시속 100킬로미터의 속도로 달리는 자동차가 전조등을 켜고 있다면, 정지한 관측자는 전조등의 불빛이 광속보다 시속 100킬로미터 더 빨라질 것으로 기대할 수 있다. 광속을 c라고 했을 때 내가 광속의 80%의 속도, 즉 $0.8c$의 속도로 달려가면서 반대방향으로 $0.7c$의 속도로 달리는 자동차를 바라보면, 나는 당연히 반대편 차량을 $0.8c+0.7c=1.5c$의 속도로 관측하게 될 것이다. 이는 광속불변에 어긋난다. 이런 경우에도 어떻게 광속이 일정하게 유지될 수 있을까?

비밀은 상대성이론에서 속도를 더할 때 위 덧셈의 분모가 1이 아니라 교묘하게 1보다 커지도록 더해진다는 것이다. 상대성이론에서는 $(0.8c+0.7c)/(1+0.8\times0.7)$의 방식으로 속도를 더한다. 즉, 보통의 방법으로 속도를 더한 뒤에 그 값을 (1 더하기 두 속도의 곱)으로 나누어야 정확한 최종속도를 얻을 수 있다. 실제 이 값을 구해보면

$$(0.8c+0.7c)/(1+0.8\times0.7)=1.5c/1.56=0.96c$$

가 되어 광속의 96%밖에 되지 않는다. 이런 방식으로 속도를 더하면 그 어떤 속도의 조합도 광속을 넘지 못한다. 광속이 우리 우주에서는 일종의 근본적인 제한속도로 작용하는 것이다!

만약에 누군가가 우주선에 끝도 없이 연료를 공급하여 계속해서 비행속도를 가속시키면 결국에는 우주선이 광속을 넘어서지 않을까 하고 생각할 수도 있다. 그러나 상대성이론에서는 질량이 있는 물체의 경우 속도가 광속에 가까워질수록 그 운동에너지가 무한대로 발산한다. 이는 있을 수 없는 일이니, 질량이 있는 물체는 결코 광속에 이를 수가 없다.

또 어떤 이는 이런 생각을 할 수도 있다. 지구에서 안드로메다은하까지의 거리는 250만 광년이다. 빛이 달려도 250만 년 걸린다는 이야기이다. 만약에 지구와 안드로메다은하의 어느 행성을 초고강도의 강철 케이블로 연결한 뒤에 이 케이블을 망치로 툭 치면 순식간에 어떤 신호를 안드로메다로 보낼 수 있지 않을까? 이렇게 하면 광속보다 빠른 속도를 낼 수도 있지 않을까?

아쉽게도 이 방법은 먹히지 않는다. 케이블을 망치로 치면 그 충격은 케이블을 구성하는 모든 분자와 원자에 전달된다. 하지만 분자나 원자가 신호를 주고받는 것은 결국 전자기력에 의존할 수밖에 없을 터, 결국에는 광속을 넘지 못한다. 실제 케이블을 망치로 두들기면 그 충격파는 케이블을 타고 물결치듯 파동을 형성하며 안드로메다까지 뻗어갈 것이다. 그 속도는 아무리 빨라도 광속을 넘지 못한다. 광속은 우리 우주의 가장 근본적인 상수로서 언제 어디서나 불변인 동시에 우리 우주의 근본적인 제한속도이다.

한편, 상대성이론의 결과 지구에 남아 있는 머피의 시공간은 우주선을 타고 날아가는 쿠퍼의 시공간과 같지 않다. 머피가 관측한 쿠퍼의 시공간은 머피가 발 딛고 서 있는 시공간과 다르다. 물론 우주선을 타고 있는 쿠퍼 입장에서는 자신의 시공간이 정상적인 시공간이다. 머피가 바라본 쿠퍼의 시공간에는 과연 어떤 일이 벌어질까?

기억력이 좋은 독자라면 로렌츠가 맥스웰 방정식을 지키면서 마이컬슨–몰리의 실험결과를 설명했던 방식을 기억할 것이다. 운동하는 물체는 진행방향으로 길이가 줄어든다. 이와 관련된 좌표변환을 '로렌츠 변환식'이라고 부른다. 아인슈타인의 두 가정 1, 2번을 충족하려면 아인슈타인에게도 로렌츠 변환식이 필요함을 보일 수 있다(특수상대성이론을 처음 배우는 물리학과 학생들이 즐겨 푸는 문제이다). 그렇다면 움직이는 물체의 경우 진행방향으로 길이가 줄어든다는 결론은 우리 우주의 보편적인 현상이라고 할 수 있다. 로렌츠에게는 길이 수축이 전자기현상에만 국한된 결과였지만, 아인슈타인에게는 움직이는 좌표계에 대해 언제나 성립하는 결과였다. 이것은 공간 자체가 수축한다는 것이다!

공간이 수축하면 그에 따른 시간도 느려진다. 광속이 항상 일정해야 하기 때문이다. 예를 들어 지구에 남아 있는 머피에게 길이 30만 킬로미터의 자가 있다고 하자. 빛이 이 자의 한 끝에서 다른 끝에 이르는 데에 걸리는 시간은 1초이다. 쿠퍼가 똑같은 자를 인듀어런스호에 싣고 날아가고 있다. 우주선과 같이 날아가는 쿠퍼에게는 여전히 30만 킬로미터 길이의 자이지만, 지구에 있는 머피가 봤을 때 날아가는 우주선 속의 모든 물체는 길이가 줄어든다. 길이가 줄어드는 정도는 우주선의 속도에 따라 정량적으로 정해진다. 이제 머피가 수축된 쿠퍼의 자 한쪽 끝에서 다른 쪽 끝으로 빛을 날려 얼마의 시간이 걸리는지 알아보려고 한다. 이때 걸린 시간과 수축된 자의 길이를 알면 날아가고 있는 '쿠퍼의 광속'을 알 수 있을 것이다.

사실 우리는 '쿠퍼의 광속'이 얼마인지 알고 있다. 광속불변 때문에 머피에 대한 쿠퍼의 속도와 상관없이 머피가 관측한 '쿠퍼의 광속'도 항상 머피의 광속과 똑같은 초속 30만 킬로미터이다. 쿠퍼의 수축된 자로 광속을 재면 어떻게 될까? 길이가 줄어들었으니까 광속불변을 유지하려면 자의 끝에서 끝까지 날아갈 때 걸린 시간도 줄어들어야 한다. 예컨대 길이가 30% 줄어들었다면, 걸린 시간도 30% 줄어들어야 한다!

좀 더 정확하게 말하자면, 날아가는 좌표계의 시간 간격은 정지한 좌표계의 시간 간격과 같지 않다. 날아가는 좌표계의 시간 간격은 늘어난다. 지상에 정지해 있는 머피의 시간이 하나, 둘, 셋, 넷, … 하고 흘러간다면, 우주선을 타고 날아가는 쿠퍼의 시간은 머피가 관측했을 때 하아나아~, 두우울~, 세에엣~, … 하는 식으로 느려진다. 쉽게 말해서 모든 것이 슬로우 모션으로 움직인다는 이야기이다. 물론 우주선을 타고 있는 쿠퍼 자신은 자신의 좌표계에서 정지해 있으니까 쿠퍼 자신이 측정하는 시간 간격은 하나, 둘, 셋, 넷, 이렇게 흘러 간다.

날아가는 좌표계의 시간 간격이 늘어나니까 결과적으로 시간이 느려진다. 생체시계도 마찬가지이다. 모든 물리현상이 천천히 진행된다. 머피가 관측한 쿠퍼가 한 살을 먹는 동안 머피 자신은 열 살을 먹을 수도 있다. 물론 쿠퍼의 입장에서 봤을 때는 자신은 가만히 있고 지구와 머피가 멀어지므로 머피가 나이를 덜 먹는 것으로 관측한다. 머피와 쿠퍼는 서로가 멀어지면서 자신들보다 상대방을 더 젊게 관측한다.

이런 말도 안 되는 주장이 사실일까? 사실이다. 실험적으로 여러 차례 수도 없이 검증까지 되었다. 수명이 100만 분의 2초 정도밖에 안 되는 뮤온이라는 소립자가 공중에서 만들어지면 그 짧은 수명 동안에 지표 근처에 이르지 못하는데, 빛에 가까운 속도로 날아들기 때문에 상대론적인 시간 팽창 때문에 지표 가까이에 이를 수 있다. 뮤온의 입장에서는 자신이 정지한 좌표계에서 100만 분의 2초라는 수명을 살지만, 지면까지의 비행거리가 '로렌츠 수축'에 의해 줄어들기 때문에 그 짧은 수명 동안에도 지표에 이를 수 있다.

고속의 소립자를 대량으로 만들어내는 입자가속기에서는 이런 일이 늘 벌어진다. 시간이 팽창하는 정도를 확인하는 가장 직접적인 방법은 초정밀 시계를 직접 날려보는 것이다. 상대론적인 효과는 움직이는 속도가 광속에 가까울 때 크게 나타난다. 기술이 발달하지 않았을 때는 시계를 비행기에 실어 실험했지만, 요즘은 그런 번거로운 짓을 하지 않아도 된다. 지난 2010년 미국의 표준기술연구소는 37억 년에 1초의 오차가 생기는 초정밀 시계를 이용해서 시속 36킬로미터로 움직일 때 시간이 팽창하는 정도를 측정했다. 이 정도면 대략 자전거를 타고 가는 속도이다. 특수상대성이론의 예측은 간단한 계산을 통해 1경 분의 6.7배임을 쉽게 알 수 있다. 실험결과는? 약 1경 분의 6배였다!

빠른 속도로 날아가면 시간이 지연되기는 하지만, 영화 〈인터스텔라〉에서 쿠퍼의 시간이 느려진 것은 속도 때문만이 아니었다. 그보다 더 중요한 요소는 중력이었다. 중력이 시간에 어떤 영향을 미치는지를 이해하려면 일반상대성이론으로 넘어가야 한다. 특수상대성이론도 어려운데 일반상대성이론이라니. 하지만 너무 낙담하지는 마시라. 여러분에게만 어려운 것은 아니었다. 두 이론을 모두 혼자서 만든 아인슈타인에게도 일반상대성이론을 만드는 작업은 무척이나 험난했다. 한참 이 문제에 골몰해 있던 1912년 아인슈타인은 당대에 유명했던 과학자 조머펠트에게 보낸 편지에 이렇게 썼다.

"이 문제에 비하면 원래의 상대성이론은 애들 장난에 불과합니다."

일반상대성이론

물리학이나 과학을 전혀 모르는 사람이라도 상대성이론이라는 말은 다들 들어봤을 것이다. 과학에 관심이 좀 있는 사람이라면 상대성이론에 특수상대성이론과 일반상대성이론 두 가지가 있다는 것도 알 것이다. 하지만 일반상대성이론이 현대화된 중력이론이라는 사실을 아는 사람은 많지 않다. 다른 디테일은 모르더라도 일반상대성이론(또는 줄여서 일반상대론)=중력이론임은 잊지 말기 바란다. 〈인터스텔라〉뿐만 아니라 비슷한 류의 영화를 감상할 때에도 큰 도움이 될 것이다.

일반상대성이론General Theory of Relativity은 말 그대로 특수상대성이론Special Theory of Relativity을 일반화한 이론이다. 무엇이 특수이고 무엇이 일반일까? 특수상대성이론은 서로 등속운동 하는 관성좌표계들 사이의 관계에 관한 이론이다. 특수상대성이론이 특수한 이유는 등속운동이 특수한 운동이기 때문이다. 등속운동은 속도가 일정한 운동으로서 속도의 변화, 즉 가속도가 없는 운동이다. 가속도가 없는 운동은 가속도가 있는 운동의 특수한 경우이다. 반대로 가속운동은 등속운동이 일반화된 운동이라고 할 수 있다. 그렇다면 일반상대성이론이 어떤 이론인지 대충 감이 올 것이다. 일반상대성이론은 가속운동 하는 좌표계들 사이의 관계에 관한 이론이다. **등속운동이 가속운동으로 바뀌었을 뿐인데, 왜 일반상대성이론은 중력에 관한 이론일까?** 여기에 일반상대성이론의 근본적인 원리가 숨어 있다.

가속운동, 즉 속도가 변하는 운동을 하면 없던 힘이 생긴다. 이 힘을 관성력이라고 한다. 관성력은 가속도의 반대방향으로 작용한다. 관성력은 일상생활에서 흔히 겪는 힘이다. 아침에 집을 나와 엘리베이터를 타고 1층까지 내려갔다면, 엘리베이터가 내려가는 순간 여러분의 몸무게가 가벼워지는 것을 느꼈을 것이다. 엘리베이터가 아래쪽으로 가속하면 관성력은 위쪽으로 작용한다. 그 결과 몸이 들리는 효과가 생긴다. 반대로 엘리베이터가 1층에 정지하는 순간에는 속도가 감소한다. 이때는 가속도가 위쪽 방향이다. 관성력은 아래쪽이다. 그래서 여러분의 몸이 순간적으로 무거워진다. 엘리베이터에서 나와 버스를 타고 출근했다면, 버스가 출발할 때 몸이 뒤로 쏠리고 버스가 정차할 때 몸이 앞으로 쏠리는 경험을 무시로 했을 것이다.

이처럼 관성력은 일상생활에서 흔하게 겪기 때문에 누구나 잘 안다고 생각하지만 개념적인 혼란을 많이 겪기도 한다. 우선, 관성력은 실재하는 힘이다. 한때는 관성력을 '가짜힘'이라고도 불렸지만, 버스를 타고 있는 사람은 실제로 이 힘을 받기 때문에 몸이 앞뒤로 쏠린다. 하지만 차 밖 도로에 서 있는 사람은 당연히 버스 안의 관성력을 느끼지 않는다. 관성력이 가짜라는 것은 버스 밖의 사람들에게 해당되는 말이다. 가속도나 관성력이 뭔지 모르는 사람도 버스 안과 버스 밖의 상황이 이렇게 다르다는 것은 다 안다. 관성력의 요점은 바로 이것이다. 관성력은 좌표계가 바뀌었기 때문에 생기는 힘이다. 한 좌표계에서는 없던 힘이 다른 좌표계에서는 작용한다. 따라서 두 좌표계에서는 물리법칙이 같지 않다. 관성의 법칙도 적용되지 않는다. 가속하는 버스 안에서는 가만히 있던 몸뚱이가 더 이상 가만히 있지 않고 뒤로 계속 쏠린다. 한 좌표계가 다른 좌표계에 대해 가속운동을 하기 때문이다.

가속도와 관성력, 이것이 다 중력과 무슨 상관이란 말인가? 바로 여기서 아인슈타인의 통찰력이 다시 한 번 빛을 발한다. 다시 엘리베이터로 돌아가보자. 엘리베이터가 내려가기 시작하면 몸무게가 가벼워진다. 만약 엘리베이터는 그대로 있는데 지구의 질량이 갑자기 가벼워졌다면 어떻게 될까? 아인슈타인은 이 두 상황을 전혀 구별할 수 없다고 결론지었다. 관성력과 중력은 구별할 수 없다. 버스 뒤에 엄청나게 무거운(지구만큼이나) 돌덩이가 있어서 우리를 뒤로 잡아끄는지 아니면 버스가 앞으로 급발진을 했는지 물리적으로는 똑같다. 이것을 '등가원리equivalence principle'라고 부른다.

크리스토퍼 놀란 감독의 2010년 화제작 〈인셉션〉에는 등가원리가 아주 충실하게 구현돼 있다. 〈인셉션〉에서는 꿈이 3단계로 구성된다. 1단계 꿈에서 차량이 다리 밑으로 추락하는 장면을 생각해보자. 탑승자들은 차량과 함께 자유낙하 하

- 등가원리 -

가속방향

관성력

위로 가속하여 올라갈 때

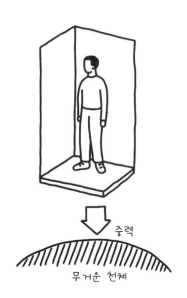

중력

무거운 천체

관성력 = 중력

고 있다. 강가에서 바라보는 관측자에게는 자신에게나 차량에게나 차량 안의 탑승자들에게나 똑같이 지구의 중력만 작용할 뿐이다. 추락하는 차량(그리고 탑승객들)에 중력이 일정하게 작용하고 있으므로 차량은 속도가 일정하게 증가하는 가속운동을 하며 추락한다. 강물에 가까워질수록 차량의 속도는 점점 빨라진다.

한편 차량과 탑승객의 입장에서는 자신들이 가속하는 좌표계에 속해 있으므로 가속도와 반대방향으로(즉, 위쪽 방향으로) 관성력을 받는다. 등가원리에 따르면 관성력과 중력은 동등하다. 차량이 받는 관성력의 크기는, 관성력을 유발한 가속도의 원인이 된 중력과 그 크기가 똑같을 것이다. 그래야 관성력과 중력을 구별할 수 없다. 즉, 추락하는 차량에는 지구의 중력을 정확하게 상쇄하는 관성력이 위쪽으로 작용한다. **결과적으로 추락하는 차량에는 전혀 힘이 작용하지 않는다!**

이 결과는 추락하는 모든 물체에 대해서 사실이다. 자이로 드롭이 떨어지기 시작하는 순간 여러분의 내장이 들리는 것도 관성력이 중력을 정확하게 상쇄하기 때문이다. 중력과 똑같은 크기의 힘이 여러분의 내장을 위로 들어 올린다. 마치 머리 꼭대기에 지구가 하나 더 생긴 것과도 같다. 추락에 의

한 관성력이 중력을 정확하게 상쇄하므로 추락하는 모든 물체는 완전한 무중력상태에 돌입한다(물론 공기의 저항이 있으면 복잡해진다). 실제로 우주비행사가 무중력훈련을 받을 때도 이 원리를 이용한다. 훈련용 비행기가 높은 곳에서 자유낙하를 하면 그동안에는 기내가 무중력상태가 되므로 원하는 훈련을 할 수 있다.

영화 〈인셉션〉의 1단계 꿈에서 추락하는 차량과 탑승자들은 무중력상태에 들어가게 된다. 그래서 2단계 꿈에서는 중력이 사라져 모든 사람과 물체들이 둥둥 떠다닌다. 〈인셉션〉만큼 등가원리를 완벽하게 구현한 영화가 있을까? (그런데 3단계 꿈에서 다시 중력이 정상으로 돌아온 것은 잘 납득되지 않는다.)

흔하게 볼 수 있는 또 다른 가속운동 중에 회전운동이 있다. 회전운동은 속도의 크기가 일정하더라도 속도의 방향이 항상 바뀌기 때문에 가속운동이다. 따라서 관성력이 작용한다. 바로 원심력이다. 회전하는 모든 물체는 바깥쪽으로 밀려나는 관성력을 받는다. 이 힘은 회전하지 않는 사람에게는 전혀 작용하지 않는다. 관성력으로서의 원심력 또한 가속하는 좌표계에 올라탔기 때문에 새로 생겨난 '없던 힘'이다.

지구 주위를 도는 우주선은 회전운동을 하고 있다. 따라서 공전궤도 바깥쪽으로 관성력을 받는다. 이 관성력은 지구가 우주선을 당기는 중력과 정확하게 일치한다. 그래야만 안정적인 공전궤도가 유지된다. 그 결과 우주선 안은 무중력상태가 된다. 마치 자유낙하 하는 물체가 무중력상태를 느끼는 것과도 같다. 그래서 지구 주위의 공전운동을 끝없는 자유낙하라고 해도 전혀 틀린 말은 아니다.

　우주선이 지구를 벗어나 멀리 대우주를 항해할 때는 주변에 별이나 행성이 없어 정말로 무중력상태를 겪게 될 것이다. 무중력상태는 인간에게 대단히 불편한 상황임에 틀림없다. 영화〈그래비티〉를 떠올려보라. 내장이 들리지 않고 두 발이 바닥에 딱 붙어 있어야 우리는 편하다. 다행히 등가원리를 활용하면 인위적인 중력을 만들 수 있다. 우주선 자체를 회전시키면 된다. 우주선이 회전하면 우주선 바깥으로 관성력이 작용한다. 회전을 잘 조절하면 이 관성력이 지구에서의 중력과 똑같은 크기를 갖게 할 수 있다. 등가원리 덕분에 우리는 우주선이 회전하고 있는지 지구와 똑같은 크기의 행성이 우주선 아래에서 중력을 발휘하고 있는지 알 길이 없다.〈인터스텔라〉에서 인듀어런스호가 계속 회전하는 것은 이 때문이다.

이 영화의 원조라고 할 수 있는 〈2001 스페이스 오디세이〉에서도 우주선이 회전한다. 〈스타워즈〉나 〈스타쉽 트루퍼스〉 같은 영화에서는 어떻게 우주선 안에서 정상적인 중력을 만들어냈는지 무척 궁금하다.

이제 일반상대성이론이 왜 중력이론인지 대략 감이 오시는가? 지금까지의 내용을 다시 정리해보자. 가속운동을 하면 없던 힘, 즉 관성력이 생긴다. 이 힘은 등가원리 덕분에 중력으로 바꿔치기할 수 있다. 한편 특수상대성이론에서의 경험을 떠올려보면, 움직이는 좌표계의 시공간은 정지좌표계의 시공간과 같지 않다. 만약에 움직이는 좌표계가 속도까지 변하면서 움직인다면 그 좌표계의 시공간은 더욱 이상하게 뒤틀릴 것이다. 가속운동은 중력이다. 가속운동은 시공간의 뒤틀림이다. 그렇다면… 결론은 이미 다 나왔다. **중력은 곧 시공간의 뒤틀림이다!**

대단히 놀라운, 심지어 충격적이기까지 한 결론이다. 중력의 본질이 기하학이라니. 일반상대성이론을 딱 한마디로 정리하면 바로 이 말로 끝이다. 그리고 이 말을 방정식으로 옮기면 아인슈타인의 중력장 방정식에 이르게 된다. 흔히 아인슈타인이나 상대성이론 하면 그 유명한 $E=mc^2$이라는 식을 떠올리지만, 아마도 물리학자들에게 가장 좋아하는 방정식을 하나 꼽으라면 아인슈타인의 중력장 방정식이 1위를 하지 않을까 싶다. 중력장 방정식 자체는 아주 간단하지만 그 구조는 대단히 복잡해서 여기에서 수식으로 소개하지는 않을 것이다. 다만 간단히 말로 하자면, 방정식의 좌변은 시공간의 곡률에 대한 수학적 정보를 담고 있고 우변은 시공간에 분포한 에너지를 나타낸다. 에너지(에너지는 $E=mc^2$에 의해 질량과 똑같다)가 있으면 그에 따라 시공간이 굽는다는 이야기이다. 그것이 중력이다.

태양이 있으면 그 질량 때문에 주변의 시공간이 굽는다. 흔히 드는 예로, 침대나 트램펄린 위에 무거운 볼링공을 올려놓으면 움푹 패는 것과도 같다는 것이다. 그 주변에 작은 공을 굴리면 작은 공은 굽은 면을 따라 최단경로로 굴러다닌다. 지구가 태양 주변을 도는 것도 이와 같다는 것이 일반상대성이론의 주장이다.

영화 〈지구가 멈추는 날〉에서 보면 우주인 클라투(키아누 리브스)가 우주생물학자 헬렌(제니퍼 코넬리)과 함께 도주하던 와중에 헬렌의 과학자 친구 집에 잠깐 들어가는 장면이 나온다. 그 친구의 집 칠판에는 방정식이 잔뜩 적혀 있었다. 클라투는 지우개로 칠판을 지우고 새로 뭔가를 쓴다. 이때 클라투가 쓰는 방정식이 아인슈타인의 중력장 방정식이다. 뒤에 소개할 우주상수항까지 포함한 식이다. 그러고는 뭔가를 설명하려는 듯 수식을 계속 쓴다. 헬렌의 친구가 그 옆에서 수식을 하나 쓰자 그것이 틀렸다는 듯이 사선을 긋는다. 클라투는 어떻게 아인슈타인의 중력장 방정식을 알았을까? 그것도 우리가 쓰는 표기법 그대로 말이다. 나는 그 장면에 너무나 몰입한 나머지 마치 실제 상황이 벌어진 양 외계인이 인간에게 뭔가 엄청난 정보를 제공해주는 것이 아닐까 하는 기대감으로 영화에 빨려 들었다.

클라투는 우리보다 훨씬 더 발전한 초문명에 속한 고등생명체이니까 우주의 비밀에 대해 우리보다는 더 잘 알고 있을 가능성이 높다. 외계인이 슬쩍 알려주는 우주의 비밀이라니, 얼마나 가슴 설레는 일인가?

아인슈타인의 새로운 중력이론은 뉴턴의 만유인력이 해결하지 못한 문제에 돌파구를 만들었다. 뉴턴의 만유인력은 중력이라는 힘 자체를 특정했다는 데에 큰 의의가 있다. 사과가 나무에서 떨어지게 하는 힘의 정체가 무엇인가 하는, 'What'에 대한 답을 준 것이다. 그것도 정량적으로! 하지만 만유인력은 중력이 '어떻게$_{How}$' 작용하는지에 대해서는 아무런 답이 없다. 만유인력에서는 질량이 있는 두 물체가 서로의 존재를 즉각 알아채고 중력이 원격으로 작용한다. 마치 해리포터가 마술지팡이를 휘둘러서 멀리 있는 물체에 영향을 미치는 것과도 같다. 그러나 이는 특수상대성이론의 광속제한에 걸린다. 상대성이론이 옳다면 중력 또한 광속보다 더 빠를 수 없다. 게다가 그냥 '원격작용'이라니.

일반상대성이론은 이 문제를 훌륭하게 해결했다. 새로운 이론에서는 중력이 곧 시공간의 뒤틀림이다. 중력이 '어떻게' 전파되느냐고? 시공간의 요동으로 전파된다. 여기에는 시간이 걸린다. 시공간이 퍼져나가는 속력은 무한대가 아니라 바로 광속이다. 이로써 특수상대성이론과 부합하는 '어떻게'에 대한 설명을 얻었다.

중력장 방정식은 1915년 11월 25일자 논문에 최종적으로 완성된 형태로 출판되었다. 그해 11월 아인슈타인은 5편의 논문을 썼다. 11월 초에 이르면 중력장 방정식은 거의 완성된 형태에 가까워진다. 방정식이 완성되기 직전인 11월 18일, 아인슈타인은 흥미로운 논문 하나를 발표했다. 이 논문은 수성의 공전궤도에 관한 오래된 문제를 해결했다는 결론을 담고 있다.

만유인력의 법칙에 따르면 모든 행성의 궤도는 고정된 타원궤도이다. 하지만 실제 관측 결과 수성의 궤도는 천천히 회전하는 것으로 밝혀졌다. 목성 등 다른 행성의 영향을 배제하고도 설명되지 않는 정도가 100년에 43초(1초는 1도의 3,600분의 1) 정도 되었다. 뉴턴 역학에서는 이 43초를 해결할 방법이 없었다. 어떤 이는 태양과 수성 사이에 벌컨이라는 행성이 있어 수성궤도가 교란되었다고도 했다. 아인슈타인은 자신의 새로운 중력이론이 100% 완성되기 딱 일주일 전에, 거의 완성단계에 있던 자신의 이론을 써서 이 문제를 완벽하게 해결했다. 수성의 궤도 문제를 해결하고서 "미칠 듯이 기뻤다"라는 아인슈타인의 말은 전혀 과장이 아니었을 것이다.

하지만 새로운 이론이 정말로 옳다고 확신하려면 기존의 이론으로 설명하지 못하는 뭔가 새로운 현상을 예측하고 검증해야 한다. 아인슈타인은 본인이 그 방법을 하나 제시했다. 일반상대성이론이 만유인력과 결정적으로 다른 점은 무거운 질량 주변의 시공간이 휜다는 것이다. 이를테면 태양 주변의 시공간이 휜다. 그렇다면 빛조차도 태양 주변에서는 굽은 시공간을 따라서 휘어져 움직일 것이다. 아주 멀리서 오는 별빛이 태양 근처를 지나 지구에 도달하면 그 별빛은 휘어진 시공간을 따라온 것이므로 지구에서 그 별빛을 봤을 때 원래의 위치에서 약간 어긋나 있을 것이다. 아인슈타인의 계산에 따르면 태양이 별빛을 휘는 정도는 1.74초 정도였다. 지구에서 보름달을 바라보는 각도가 약 0.5도이다. 1.74초면 보름달 크기의 약 1,000분의 1 정도에 해당하는 각도이다. 그나마 태양의 질량이 태양계에서 가장 크기 때문에 이 정도의 각도라도 나온 것이다. 목성이 별빛을 휘는 정도는 불과 0.02초밖에 안 된다.

　문제는 태양이 너무 밝아서 태양을 스쳐 지나오는 별빛을 관측하기가 무척 힘들다는 것이다. 만약 벌건 대낮에 뭔가가 태양을 가려주기만 한다면 지구에서 태양을 스쳐 지나오는 별빛을 보기가 훨씬 쉬울 것이다. 지구는 그런 훌륭한 가리개를 하나 갖고 있다. 달, 그러니까 일식을 이용하면 태양을 스쳐오는 별빛을 관측할 수 있다. 일식을 이용해서 별빛이 휘는지를 알아보려면 일식이 일어나기 6개월 전에 별의 위치를 미리 관측해둬야 한다. 일식 6개월 전에는 별빛이 태양을 거치지 않고 바로 지구에 도달할 것이므로 이때 관측한 별의 위치는 태양의 영향을 받지 않은 원래 위치가 될 것이다. 이렇게 정해진 원래 위치와 일식 때 관측한 별의 위치를 비교하면 태양 때문에 별빛이 얼마나 휘어졌는지를 알 수 있다. 7세기 미실에게 권력을 가져다 줬던 일식이 20세기에는 뉴턴 역학을 무너뜨릴 새로운 중력이론을 검증하는 데에 결정적인 역할을 하게 된 것이다.

실제 일식탐사를 이끈 사람은 당대 최고의 천문학자였던 영국의 아서 에딩턴이었다. 에딩턴은 1919년 5월 29일로 예정된 일식 때 코팅엄과 함께 아프리카 서부 해안의 프린시페 섬으로 들어갔다. 다른 한 팀은 브라질의 소브럴 섬으로 일식탐사에 나섰다. 소브럴 팀은 20장 이상의 사진을 찍었으나 프린시페 팀은 일식 시작 1시간 30분 전에 비가 그칠 정도로 날씨가 나빴다. 프린시페 팀은 흐린 날씨에도 어쩔 수 없이 16장의 사진을 찍었다.

사진 분석에는 몇 달이 걸렸다. 9월 무렵, 영국에서 예비분석 결과에 대한 소문이 나돌기 시작했다. 그 값이 아인슈타인의 예측과 비슷하다는 말이 나오자 하루는 대학원생이 아인슈타인에게 만약 결과가 반대로 나온다면 어떻겠느냐고 물었다. 아인슈타인의 대답은 이랬다.

"그러면 신에게 조금 유감이었겠지. 왜냐하면 내 이론은 옳으니까."

몇 달에 걸친 사진 분석 끝에 에딩턴은 그해 11월 영국왕립협회에서 자신들이 아인슈타인의 예측에 아주 가까운 실험값을 얻었다고 공식 발표했다. 에딩턴의 결과에 대해 전혀 논란이 없는 것은 아니었다. 소브럴 팀에서 찍은 사진 중 휘는 각이 작게 나온 데이터는 채택하지 않았는데, 이 과정이 석연치 않았다는 주장도 있다. 그러나 어쨌든 왕립협회는 에딩턴의 결과를 받아들였다.

다음 날부터 영국 언론이 난리가 났다. 《더 타임스》는 1919년 11월 7일자 신문에서 "과학의 혁명—뉴턴의 이론이 무너졌다"라고 썼다. 아인슈타인이 대중적인 슈퍼스타로 발돋움한 것이 바로 이때부터이다. 나는 이 일화를 접할 때마다 당시 영국의 학계와 언론이 참 대단하다는 생각을 하곤 한다.

영국에서 뉴턴이 갖는 의미는 우리가 생각하는 것 이상일 것이다. 그 어떤 천재지변이 생기더라도 뉴턴이 무너졌다고 쓰기는 굉장히 어렵지 않았을까? 게다가 1919년이면 제1차 세계대전이 끝난 바로 다음 해이다. 적국 독일의 과학자가 '뉴턴 경'의 이론을 뒤집었다? 게다가 그것을 당대 최고의 영국 과학자가 검증했다? 아마 한국 같았으면 에딩턴은 천하의 역적으로 몰려 여론의 뭇매를 맞거나 검찰조사를 받고 모종의 형사처분을 받았을지도 모른다. 에딩턴은 상대성이론이 처음 나왔을 때부터 새 이론을 영국에 소개하는 데에 열심이었다. 이렇게만 보면 에딩턴의 학문적 인품은 대단히 훌륭해 보이나, 그는 인도 출신의 천재적인 천문학자였던 찬드라세커를 핍박하기도 했었다.

1919년은 아인슈타인의 개인사에도 큰 변화가 있었다. 캠퍼스 커플로 만나 결혼까지 했던 밀레바 마리치와 그해 2월 14일(하필이면 발렌타인데이)에 이혼을 한 뒤, 6월 2일에는 세 살 연상의 사촌누나인 엘자 뢰벤탈과 재혼했다. 밀레바와의 이혼 때 합의한 사항 중에는 아인슈타인이 노벨상을 받을 경우 그 상금을 밀레바에게 지급한다는 조항도 있었다. 실제로 아인슈타인은 1921년 노벨상을 받았고, 상금 12만 1,572크로

나를 밀레바에게 증여했다.

    질량이 무거운 천체가 공간을 휜다면 무거운 천체 뒤에 가려진 별빛이 휘어진 공간을 따라서 진행하다가 우리의 시야에 들어올 수도 있다. 마치 렌즈로 빛의 경로를 휘는 것처럼 말이다. 이런 현상을 '중력렌즈'라고 부른다. 무거운 천체 뒤에 숨은 별빛은 이 천체가 방사형으로 휘어놓은 공간을 따라 진행하므로 지구에서 봤을 때 무거운 천체 주변에 고리 모양의 흔적을 남긴다. 이 현상을 잘 이용하면 비록 무거운 천체가 빛을 내지 않아 눈에 보이지 않더라도 그 천체에 대한 많은 정보를 얻을 수 있다. 〈인터스텔라〉에서는 블랙홀 같은 무거운 천체가 중력렌즈 현상을 통해 실제로 우리에게 어떤 모습을 보여줄 것인지를 아주 잘 묘사하고 있다.

    지구는 태양보다 훨씬 가벼우므로 지구가 빛을 휘는 정도는 극히 미미하다. 사실 천체가 별빛을 얼마나 휘는지를 계산하는 문제는 물리학과 대학원 과정 정도에 가서야 풀 수 있다. 실제 지구가 빛을 휘는 정도를 계산해보면 0.00057초 정도 된다. 이는 별빛이 지구를 1미터 지날 때마다 대략 10^{-16}미터, 즉 미터 당 1경 분의 1 정도 꺾인다는 이야기이다. 너무나

– 중력렌즈 –

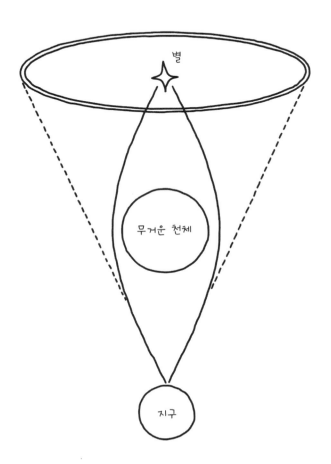

별

무거운 천체

지구

작은 숫자이기는 하지만 지구도 빛을 휜다는 점은 기억해둬야 한다. 이유가 있다.

국제도량형국에서 1983년에 정한 1미터의 정의는 광속에 기초를 두고 있다. 그 이전에는 지구상의 두 지점을 기준으로 삼기도 했었고 특별히 제작한 금속을 기준으로 삼기도 했었다. 이런 기준들은 환경에 따라 바뀐다는 약점이 있었다. 광속은 우리 우주의 가장 근본적인 상수이니까 광속을 이용해서 미터를 정의하면 편리한 점이 많다. 광속의 정확한 값은 초속 2억 9,979만 2,458미터이다. 이로부터 1미터는 빛이 1/299,792,458초 동안에 이동한 거리로 정의된다. 그런데 국제도량형국은 2002년 이 정의에 새로운 권장사항을 추가했다. 일반상대성이론에 의한 중력효과를 무시할 수 있는 길이에만 적용되어야 한다는 것이다. 빛이 꽤 오랜 시간 동안 진행하면 지구 중력 때문에 빛이 꺾여서 정확한 길이를 재는 데에 문제가 생길 수 있기 때문이다. 미터를 엄밀하게 정의하기 위해서도 일반상대성이론을 잘 알아야 하는 셈인데, 이런 권고사항이 불과 10여 년 전에서야 추가되었다는 점도 새삼 놀라운 일이다.

중력은 공간을 뒤틀어서 별빛만 휘는 것이 아니라 시간도 뒤틀어서 왜곡시킨다. **결과부터 말하자면 중력이 강력한 곳에서는 시간이 느려진다.** 특수상대성이론에서 빠른 속도로 날아가는 좌표계에서는 시간의 간격이 팽창하는 것과 마찬가지로, 중력이 강력하면 시간 간격이 늘어나고 그 결과 시간이 늦게 간다. 특수상대성이론에서 소개한 미국의 초정밀 시계가 이것도 검증할 수 있을까? 물론이다. 2개의 시계를 서로 다른 높이에 두면 지구에 의한 중력 차이 때문에 더 높이 있는 시계가 좀 더 빨리 갈 것이다. 일반상대성이론이 옳다면 말이다.

그런데 이 실험에서 이용한 높이 차이가 놀랍다. 이 초정밀 시계는 겨우 30센티미터 높이 차이에 의한 시간 차이를 측정했다! 미국 연구진이 측정한 결과는 위에 놓인 시계가 아래에 놓인 시계보다 10경 분의 4 정도 빠르다는 것이었다. 이 값은 일반상대성이론의 예측과 거의 일치한다! 시간이 10경 분의 4 정도 빠르면 79년 동안 900억 분의 1초가 더 가는 정도이다. 극히 미세하기는 하지만 2010년 이 결과가 발표되었을 때 언론에서는 좀 더 오래 살고 싶으면 땅 가까이 저층에 살라고 권하기도 했었다.

더욱더 정밀한 시계가 있으면 아주 재미있는 작업을 수행할 수도 있다. 초정밀 시계를 비행기나 위성에 실어 지구 전체를 스캔하면 중력이 크고 작음에 따른 시간 차이를 측정할 수 있다. 가령 산맥이 높거나 지하자원이 많이 묻힌 곳은 중력이 상대적으로 강할 것이므로 그 주변 상공을 지날 때는 시계가 늦어질 것이다. 그렇다면 시계가 얼마나 빨리 가는지 또는 늦게 가는지 하는 정보가 곧 지구 내부에 대한 정보를 주는 셈이다. 자원을 탐사하거나 이웃 나라가 땅속에서 무엇을 하는지 어떤지를 알고 싶을 때도 꽤나 도움이 될 것이다.

사실 상대성이론에 의한 시간변화는 지금 우리가 일상적으로 겪고 있는 현상이다. 스마트폰이나 차량 내비게이션의 위치지정 시스템은 GPS 위성을 이용하고 있다. GPS 위성은 미 공군 제50우주비행단에서 운영하고 있다. 3차원 공간상에서 한 점의 위치를 정하려면 3개의 정보가 필요하다. 그래서 최소 3개의 위성으로부터 정보를 받아 위치를 정하지만 보통은 4~5개 위성의 신호를 받아서 오차를 줄인다. 위성이 스마트폰이나 내비게이션 장치와 같은 단말기와 통신을 하려면 결국 중요한 것은 시간이다.

GPS 위성은 고도 2만 킬로미터 상공에서 시속 1만 4,000 킬로미터의 속력으로 운행하고 있기 때문에 특수상대성이론과 일반상대성이론의 영향을 모두 받는다. 위성이 시속 1만 4,000킬로미터의 빠른 속도로 날아가면 시간이 팽창한다. 이에 따른 시간지연효과는 간단한 계산을 통해 대략 1,000억 분의 8임을 알 수 있다. 알기 쉬운 숫자로 바꾸면, 하루에 약 100만 분의 7초 정도 시간이 느려진다. 반면 위성의 고도가 높기 때문에 중력이 약해서 위성의 시간이 빨라진다. 그 정도는 100억 분의 5 정도로서, 하루에 약 100만 분의 45초가 빨라진다. 이 두 효과를 함께 고려하지 않으면 지상에서 수 킬로미터의 오차가 생길 수도 있다. 수치에서 보듯이 GPS 위성의 경우 일반상대성이론에 따른 중력효과가 훨씬 더 크게 작용한다.

영화 〈인터스텔라〉에서도 중력에 따른 시간지연이 중요한 소재로 등장한다. 인듀어런스호가 지나는 영역에 초대형 블랙홀 같은 천체가 있어서이기도 하겠지만, 우주선의 비행속도가 광속에 비해 그리 크지 않기 때문일 수도 있다. 만약 인듀어런스호가 광속에 가깝게 비행할 수 있다면, 장거리를 여행할 때는 그 효과 또한 대단히 크다.

그렇다면 일반상대성이론은 완전히 검증이 끝난 것일까?

예스라고 말하기에는 아직 부족한 점이 있다. 결정적인 문제는 우리가 아직 중력파의 실체를 보지 못했다는 점이다. 일반상대성이론에서는 중력파가 시공간의 요동이다. 우리가 시공간의 요동을 직접 보지 않는 이상 일반상대성이론이 정말로 옳은 중력이론이라고 말하기가 어렵다. 과학자들이 기를 쓰고 중력파를 검출하려는 것도 이 때문이다. 그런데 시공간의 요동을 대체 어떻게 측정한다는 말인가?

과학자들이 생각해낸 기가 막힌 방법이 바로 100여 년 전 마이컬슨-몰리 식의 간섭계를 이용하는 것이다. 미국에서 사용하고 있는 LIGO Laser Interferometer Gravitational-Wave Observatory는 길이가 수평과 수직 방향으로 4킬로미터에 달하는 'ㄴ' 자 모양의 간섭계이다. 만약에 우주적인 규모의 큰 사건이 벌어지면 그 충격에 따른 중력파, 즉 시공간의 요동이 지구를 덮쳐 수평방향과 수직방향에 서로 다른 영향을 미칠 것이다. 그렇게 되면 간섭계의 무늬에 변화가 생길 것이므로 중력파가 LIGO를 휩쓸고 지나갔음을 알 수 있다. 영화 〈인터스텔라〉의 자문을 맡은 킵 손 교수가 바로 LIGO 실험의 핵심 인물이다.

중력파를 검출하기 위해 간섭계를 아예 우주로 들고 나가면 어떨까? 실제로 유럽우주국과 미 항공우주국은 공동으로 LISA_{Laser Interferometer Space Antenna}라는 프로그램을 추진했다. LISA는 기본적으로 3대의 우주선을 우주공간에 띄워 커다란 삼각형을 이루도록 하는 계획으로, 삼각형의 한 변의 길이가 무려 500만 킬로미터에 달한다. 500킬로미터가 아니고 500만 킬로미터이다. LISA의 총예산은 대략 2조 5,000억 원 정도였다. 2008년 리먼 사태로 금융위기가 엄습한 뒤 미국이 참여를 포기하자 축소된 형태로 프로젝트가 진행 중이다.

2014년 3월에는 남극에 설치된 BICEP이라는 전파망원경 연구팀에서 태초의 우주가 만들어낸 중력파를 검출했다고 밝혔다. 자세한 내용은 7장에서 설명하겠지만 만약 이것이 사실이라면 내 생각에 BICEP의 발견은 노벨상 2~3개의 업적 이상에 해당하는, 21세기 초반의 가장 위대한 과학적 성과로 남을 것 같다. 그러나 지난 9월 Planck라는 관측위성 연구진은 BICEP의 결과가 우주에 널려 있는 먼지 때문일지도 모른다는 결과를 내놓았다. 두 연구진 사이에 일치하지 않는 부분이 있으므로 아직은 상황을 좀 더 지켜봐야 할 것 같다. 만약 BICEP의 결과가 사실이라면 지하의 아인슈타인도 무척이나 기뻐할 것이다.

킵 손은 찰스 마이스너, 존 휠러와 함께 『Gravitation』이라는 중력 교과서를 쓴 것으로도 유명하다. 존 휠러는 그의 지도교수이다. 대학 학부과정 때 나도 이 책을 한 권 샀다. 내가 가지고 있는 모든 책들 중에서 아마 가장 두꺼운 책(1,280쪽)이 아닐까 싶다. 잠깐 뒤적여본 적은 있지만, 이 책으로 열심히 공부를 한 적은 없다. 일반상대성이론이나 중력을 공부해보고 싶은 사람이라면, 한번 구경이라도 해보기 바란다.

블랙홀과 웜홀

　〈인터스텔라〉를 본 사람들이 많이 지적하는 '옥에 티' 중의 하나는 중력이 지구 중력의 130%라는 밀러의 행성에서 어떻게 착륙선이 자체 연료로 그 행성을 탈출할 수 있었느냐는 점이다. 쿠퍼 일행이 지구를 떠날 때 다단로켓을 이용한 것에 비하면 너무나 손쉬운 탈출이었다. 영화 시사회가 끝나고 과학토크가 진행될 때 정재승 교수는 이 대목에 대해 우리가 알지 못하는 뭔가 기괴한 초강력 연료를 아마도 비밀리에 충분히 탑재하고 있었을 것이라고 추정했다.

　행성의 중력권을 벗어나려면 초속도가 관건이다. 행성의 중력권을 완전히 벗어나 우주의 원하는 곳 어디까지라도 무한히 멀리 뻗어나갈 수 있는 속도를 '탈출속도'라고 부른다. 탈출속도를 제곱한 값은 행성의 반지름에 대한 질량의 비율에 비례한다. 즉, 어떤 행성의 탈출속도는 행성의 질량을 행성의 반지름으로 나눈 값의 제곱근(루트)에 비례한다. 지구의 탈출속도는 초속 11.2킬로미터, 목성의 탈출속도는 초속 60킬로미터이다. 밀러의 행성의 경우 지구와 크기가 비슷하다고 가정했을 때 탈출속도는 이보다 약간 더 크다. 행성 주변의 궤도를 돌기 위해서는 탈출속도보다 약 1.4배 정도 작은 속도로도 충분하다. 그러나 이것은 물체를 한 번 내던져서 행성을 탈출시키는 데에 필요한 속도이다. 뉴턴이 사과를 던져서 천상의 위성으로 만들거나 영원히 멀리 우주 속으로 내보내려면 이 정도의 속도로 던져야 한다. 쿠퍼 일행은 상황이 좀 다르다. 로켓을 이용하면 연료를 태워서 계속 추진력을 얻을 수 있으니까 지면을 떠날 때의 속도가 그렇게 크지 않아도 된다.

과학자들은 극단적인 생각을 잘한다. 과학의 역사를 보면 극단적인 생각을 잘할수록 획기적인 업적을 남기는 경우가 많다. 아인슈타인도 마찬가지이다. 18~19세기 프랑스의 위대한 수학자이자 물리학자인 피에르-시몽 라플라스는 고전 물리학의 극단주의자라고 불러도 무방하다. 라플라스가 쓴 『천체역학』이라는 책을 보고 나폴레옹이 왜 신에 대한 말이 없느냐고 물으니까 라플라스는 이렇게 대답했다. "폐하, 저는 그 가설이 필요하지 않습니다." 또한 라플라스는 이 세상에 작용하는 모든 힘과 모든 초기조건을 알면 어떠한 불확정성도 없이 한두 개의 방정식으로 미래를 정확하게 알 수 있다고 주장했다. 라플라스의 이런 입장은 고전역학의 결정론적인 세계관을 가장 잘 드러낸 것으로 평가받고 있다.

그런 라플라스가 한번은 재미있는 상상을 했다(1796년). 만약에 어떤 행성의 중력이 아주 강력해서 그 행성의 탈출속도가 광속보다 크면 어떻게 될까? 아마 태양이 그 행성을 밝게 비추더라도 우리는 그 행성을 결코 볼 수 없을 것이다. 행성의 중력권으로 들어간 빛은 광속보다 큰 탈출속도를 이기지 못해 그 행성 밖으로 절대 나올 수가 없다. 이런 별을 '어둑별dark star'이라고 불렀다(라플라스 이전에 영국의 존 미셸이 1783년에 이와 똑같은 천체를 언급한 적이 있다). 한마디로 말하자면 어둑별은 탈출속도가 광속보다 큰 천체이다. 탈출속도는 행성의 질량을 반지름으로 나눈 값의 제곱근에 비례하니까 탈출속도가 커지려면 행성의 질량이 무겁거나 반지름이 작으면 된다. 제아무리 슈퍼울트라하이퍼 연료를 가득 싣고 있더라도 이런 행성에는 착륙하지 않는 것이 좋다.

어둑별은 블랙홀의 효시라고 할 만하다. 실제 블랙홀이 만들어지는 조건은 어둑별의 조건과 같다. 현대적인 블랙홀은 아인슈타인의 중력이론인 일반상대성이론을 연구하는 과정에서 나왔다. 아인슈타인의 중력장 방정식이 완성된 직후인 1916년 초, 독일의 천문학자인 카를 슈바르츠실트는 지구나 태양 같은 구형의 질량 주변의 시공간을 연구하여 중력장 방정식의 정확한 풀이를 하나 구했다. 이것을 '슈바르츠실트 풀이'라고 한다. 슈바르츠실트 풀이는 공 모양으로 질량이 분포해 있을 경우 그 주변의 시공간이 어떻게 굽어 있는지를 수학적으로 규명한 것이다. 슈바르츠실트 풀이는 아인슈타인 방정식에 대한 최초의 정확한 풀이였다.

슈바르츠실트가 아인슈타인의 중력장 방정식을 풀던 때는 한참 제1차 세계대전이 진행되던 와중이었고 슈바르츠실트는 러시아 전선에서 포병부대에 배속되어 중위로 복무 중이었다. 슈바르츠실트는 자신의 연구결과를 아인슈타인에게 편지로 보냈다. 슈바르츠실트는 중력장 방정식을 풀기 위해 구면좌표계에서 계산을 수행했다.

구면좌표계는 마치 지구 표면에서 위치를 정하기 위해 위도와 경도를 이용하듯이 2개의 각도와 하나의 반지름으로 3차원상의 위치를 기술하는 좌표계이다. 따라서 공 모양의 대상을 기술할 때는 구면좌표계를 쓰는 것이 아주 편리하다. 반면 직교좌표계는 직육면체 모양의 대상을 기술할 때 편리하다. 마치 바둑판에서 바둑돌의 위치를 정하듯 가로로 얼마, 세로로 얼마, 높이가 얼마, 이런 식으로 대상을 기술한다. 중력장 방정식을 완성한 직후 아인슈타인은 구형의 천체에 의한 중력을 기술하기 위해 직교좌표계에서 계산을 했다. 직육면체로 공 모양을 끼워 맞추려고 했으니 그 어려움이 어떠했을지는 짐작할 수 있다. 그래도 아인슈타인은 꾸역꾸역 온갖 근사를 다 해가면서 원하는 결론을 얻곤 했다. 역시 아인슈타인은 아인슈타인이었나 보다.

슈바르츠실트의 편지를 받은 아인슈타인은 그 내용을 검토한 뒤 슈바르츠실트를 대신해 학술지에 슈바르츠실트의 이름으로 발표했다. 자신의 방정식에 대한 최초의 정확한 풀이를 손에 받아 든 아인슈타인의 심정은 어땠을까? 슈바르츠실트는 안타깝게도 1916년 피부병으로 사망했다.

슈바르츠실트 풀이를 보면 구형대칭의 천체 주변에 '사건의 지평선'이라는 경계면이 존재한다. 이 경계면은 한마디로 불회귀선이다. 이 경계를 넘어서 천체 가까이 다가가면 다시는 밖으로 돌아가지 못한다. 지구의 경우 이 경계면은 반지름이 약 9밀리미터인 구면이다. 태양의 경우는 대략 3킬로미터이다. 이 경계면의 크기는 행성의 탈출속도가 광속과 같다는, 고전역학적인 조건을 써서 얻은 크기와 똑같다. 지구나 태양은 각자의 질량에 대응하는 사건의 지평선이 각자의 내부 깊숙이 있으므로 우리가 직접 이 경계면을 겪을 일은 없다.

만약 지구를 9밀리미터 미만으로 구겨 넣는다면 또는 태양을 3킬로미터 미만으로 구겨 넣는다면, 그렇다면 지구와 태양의 사건의 지평선이 천체 밖으로 드러나게 될 것이다. 이처럼 좁은 영역에 질량이 집중되면 천체 표면을 탈출하는 탈출속도가 광속을 넘어선다. 이런 천체를 블랙홀이라고 한다. 블랙홀의 크기는 사건의 지평선의 크기로 정할 수 있다. 블랙홀이라는 이름은 킵 손의 지도교수인 존 휠러의 작품이다. 당시에는 이 이름이 너무 야하다는 이유로 학술지에서 블랙홀이라는 이름의 사용을 거부했다고 한다. 질량이 태양보다 대략 3배 이상 무거운 별은 그 일생을 마감할 때 블랙홀로 중력 붕괴 하는 것을 막을 수가 없다. 은하의 중심부에는 태양 질량의 수백만 배 또는 수십억 배 이상 되는 블랙홀도 존재하는 것으로 예상된다.

블랙홀은 중력이 강력한 천체인 만큼 블랙홀 주변에 다가 갈수록 일반상대성이론에 의한 시간지연 효과가 아주 커진 다. 지구에 남은 머피가 봤을 때 블랙홀로 다가가는 인듀어런 스호와 쿠퍼의 시간은 점차 느려진다. 그러다가 쿠퍼가 사건의 지평선에 이르게 되면 머피가 관측하는 쿠퍼의 시간 간격이 무한대로 팽창한다. 시간 간격이 무한대라는 말은 시간이 전혀 흐르지 않는다는 말이다. 따라서 머피는 쿠퍼가 블랙홀의 사건의 지평선을 넘어가는 모습을 보지 못한다. 머피가 봤을 때 쿠퍼는 사건의 지평선에 영원히 걸려 있는 모습만 보게 된다. 쿠퍼를 블랙홀 속으로 떨어뜨리고 에드먼드의 행성으로 떠나는 아멜리아에게도 마찬가지이다.

한편 블랙홀로 추락하는 쿠퍼는 그저 자유낙하를 하고 있을 뿐이다. 쿠퍼 입장에서는 자신이 정지한 좌표계에 가만히 머물러 있다. 쿠퍼 자신의 시간은 중력의 영향도 받지 않고 정상적으로 흘러간다. 쿠퍼에게는 사건의 지평선을 건너는 일도 특별한 이벤트가 아니다. 우주공간에 어떤 선이 그어져 있을 리도 없다. 쿠퍼는 가만히 있고 블랙홀이 자기에게 덮쳐올 뿐이다. 이는 쿠퍼에게만 해당되는 사항이 아니다. 블랙홀 속으로 추락하는 모든 물체는 쿠퍼와 똑같은 경험을 하게 될 것이다. 자유낙하. 가벼운 물체든 무거운 물체든 모두 똑같은 가속도로 추락한다. 추락하는 자신들의 입장에서는 관성력이 블랙홀의 중력을 정확히 상쇄하기 때문에 무중력상태로 비행을 계속하게 된다.

그렇다고 해서 블랙홀 속으로 추락하는 여행이 그리 안락하지는 않을 것이다. 강력한 중력에 의한 기조력 때문이다. 지구 표면 근처에서는 높이에 따른 중력의 차이가 크지 않아서 사람 키 정도의 길이만큼 위치가 변하더라도 중력가속도가 거의 변하지 않는다. 하지만 블랙홀 속으로 들어가면 약간의 위치변화에서도 중력의 차이가 커서 사람의 머리끝과 발끝이 느끼는 중력이 크게 다르다. 이것이 블랙홀의 기조력이다. 블랙홀 속으로 들어간 쿠퍼는 아마도 엄청난 크기의 기조력을 느낄 것이다. 기조력은 계속해서 쿠퍼를 위아래로 잡아당길 것이며 쿠퍼가 추락할수록 그 힘은 점점 더 커진다. 강

- 블랙홀 -

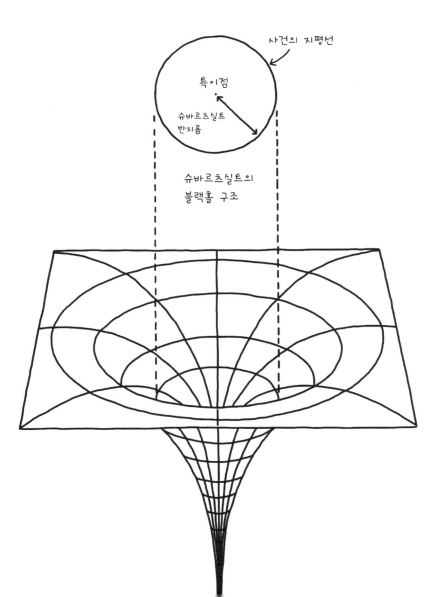

사건의 지평선

특이점

슈바르츠실트
반지름

슈바르츠실트의
블랙홀 구조

력한 기조력 때문에 쿠퍼든 우주선이든 추락하는 방향으로 길게 늘어지다가 결국에는 비참한 최후를 맞게 될 것이다.

블랙홀의 엄청난 기조력을 버틸 수 있다 하더라도 자유낙하의 최후를 피할 수는 없다. 블랙홀의 한가운데에는 시공간의 곡률이 무한대인 특이점이 있다. 여기서는 중력이 무한대라서 그 어떤 강력한 물체도 으스러져버린다. 만약 블랙홀이 충분히 크다면 사건의 지평선을 지나 특이점에 도달하기까지 시간이 아주 오래 걸리기 때문에 쿠퍼가 블랙홀 안에서 천수를 누릴 수도 있을 것이다. 쿠퍼가 사건의 지평선을 이미 건넜다면 특이점이 충분히 멀리 있을 것으로 기대하는 수밖에 없다.

일단 블랙홀의 사건의 지평선을 넘어서면 빛조차도 빠져나오지 못하므로, 블랙홀은 정말로 검다. 우주에서 우리가 관측하는 것은 (지금으로서는) 결국에는 빛이다. 직접 빛을 내지도 않고 반사조차 하지 않는 천체라면 관측하기가 무척 어렵다. 다행히 블랙홀은 간접적으로 그 존재를 알 수 있다. 블랙홀은 주변의 물질을 끊임없이 끌어당겨 집어삼킨다.

태양계의 태양은 하나의 별만 달랑 있지만 우주에는 별이 쌍으로 존재(쌍성계)하는 경우가 더 많다. 쌍성이 서로 충돌하지 않으려면 적당한 거리를 두고 전체 질량중심을 중심으로 해서 회전하는 수밖에 없다. 이때 한쪽 별이 그 짝이 되는 별에서 풍부한 물질들을 빨아들여 블랙홀로 진화할 수 있다. 블랙홀로 빨려 들어가는 물질은 전체 각운동량을 보존하기 위해 블랙홀 주위를 돌면서 빨려 들어간다. 그 결과 블랙홀 주변에는 원반 모양의 물질층이 만들어진다. 이렇게 주변 물질들이 모여서 형성된 원반층은 마찰 등의 이유로 그 에너지를 잃어버려 X선의 형태로 에너지를 방출한다. 블랙홀은 유력한 X선 방출원인 셈이다.

 가장 유력한 블랙홀 후보인 백조자리 X–1도 X선을 탐색하면서 발견한 천체이다. 백조자리 X–1은 태양보다 약 15배 무거운 것으로 추정된다. 한때 스티븐 호킹과 킵 손은 백조자리 X–1이 블랙홀인가 아닌가를 놓고 내기를 하기도 했다. 킵 손은 블랙홀이라고 했고, 호킹은 아니라고 했다. 블랙홀을 많이 연구했던 호킹은, 일종의 보험을 드는 심정으로 백조자리 X–1이 블랙홀이 아니라는 데에 걸었다고 한다. 만약에 블랙홀이 아닌 것으로 드러나면 내기에서 이긴 것으로 허전한 마음을 달랠 수 있다는 이야기이다.

〈인터스텔라〉에 등장하는 블랙홀도 그 주변에 원반층을 갖고 있다. 마치 토성의 고리 같은 원반층을 가진 블랙홀은 정면에서 봤을 때 다소 기묘한 모양을 하고 있다. 원반층이 블랙홀의 적도를 가로지르고 있으며 블랙홀 주변으로 다시 고리 모양의 층이 보인다. 이것은 블랙홀의 강력한 중력렌즈효과 때문이다. 블랙홀을 정면에서 보면 블랙홀 뒤의 원반층은 블랙홀에 가려서 보이지 않을 것이다. 우리 시야에는 블랙홀의 적도를 가로지르는 원반의 얇은 층만 들어와야 한다.

하지만 중력렌즈가 작동하면 상황이 달라진다. 블랙홀 주변의 공간이 급격하게 굽어 블랙홀 뒤에 가려진 원반층이 굽은 공간을 타고 우리 시야에 들어온다. 마치 원반을 위에서 (그리고 아래에서) 내려다본(올려다본) 것과 같은 모습이 정면에 겹쳐 보인다. 그 결과 블랙홀의 적도를 가로지르는 가느다란 원반층만 보이는 것이 아니라 블랙홀 남반구와 북반구 주변에 블랙홀 뒷면의 가려진 원반이 고리 모양으로 감싸듯이 그 모습을 드러낸다. 마치 굴절률이 아주 높은 렌즈 때문에 주변 풍경이 왜곡된 것과도 같다. 블랙홀의 모습이 이처럼 사실적으로 묘사된 경우는 처음이 아닐까 싶다. 이 영상을 만들기 위해 킵 손 연구진이 큰 역할을 했다고 한다.

블랙홀은 아직도 우리가 모르는 것이 많은 천체이다. 블랙홀과 관련된 논란이 끊이지 않는 것도 이 때문이다. 그중에서 최근까지도 학자들이 심각하게 논쟁하고 있는 주제가 있다. 바로 블랙홀에서의 정보역설_information paradox이다. 블랙홀 정보역설을 제대로 감상하려면 몇 가지 사전지식이 필요하다.

먼저, 블랙홀의 물리적인 성질은 세 가지 물리량으로 완전히 결정된다. 질량, 각운동량, 전기전하량이 그 셋이다. 전기적으로 중성이고 회전하지 않는 블랙홀은 오로지 질량 하나로만 구별이 가능하다. 일반적으로 블랙홀은 회전할 수도 있고 전기를 띨 수도 있다. 그런 경우에는 각운동량과 전하량이 얼마인가로 각각의 블랙홀을 구별할 수 있다. 편의상 회전하지도 않고 전기도 없는 블랙홀만 생각해보자. 질량만 같으면 어떻게 블랙홀이 만들어졌는지와 상관없이 모든 블랙홀의 물리적인 성질이 똑같다. 이를 블랙홀에 대한 '대머리 정리_no hair theorem'라고 부른다. 멀리서 보면 모든 대머리는 외모가 대체로 비슷해 보여 얼굴을 구별하기가 쉽지 않다는 의미에서 이런 이름이 붙었다.

블랙홀 대머리 정리는 우리 우주의 근본법칙과 긴장관계에 있다. 그 법칙은 열역학 제2법칙(또는 엔트로피 증가의 법칙)

이다. 엔트로피란 어떤 물리계$_{system}$가 얼마나 무질서한가를 나타내는 양이다. 식당에 가서 비빔밥을 주문하면 각종 나물과 고기와 달걀과 밥과 양념이 가지런히 분류돼서 그릇에 담겨 나온다. 이 상태는 무질서하지 않다. 숟가락을 들고 비비기 시작하면 온갖 내용물이 뒤섞인다. 한참을 비비면 밥과 양념과 나물과 고기와 달걀이 골고루 섞여서, 그릇 안 어디에서 숟가락을 퍼 올려도 내용물의 구성분포가 거의 똑같다. 이 경우는 비빔밥이라는 계가 아주 무질서해졌다. 엔트로피로 말하자면, 섞기 전의 비빔밥은 엔트로피가 낮고 섞은 뒤의 비빔밥은 엔트로피가 높다.

열역학 제2법칙이란 비빔밥을 섞으면 내용물이 균일하게 분포하는 방향으로 비빔밥이 섞인다는 법칙이다. 아무리 많이 섞어도 처음 비빔밥이 나왔을 때처럼 내용물들이 완전히 분리된 상태(즉, 엔트로피가 낮은 상태)로 돌아가지 않는다. 엔트로피는 결코 줄어들지 않는다. 찬물에 더운물을 부었을 때도 마찬가지이다. 가만히 내버려두면 찬물과 더운물이 서로 뒤섞여서 미지근한 물이 된다. 반대로 미지근한 물을 아무리 오래 두더라도 찬물과 더운물로 갈라지지 않는다.

엔트로피는 어떤 물리계가 취할 수 있는 상태의 개수와 관계가 있다. 상자에 빨간 공과 파란 공을 각각 10개씩 무작위로 넣는다고 생각해보자. 빨간 공 10개가 모두 상자의 왼쪽에 모이고 파란 공 10개가 모두 상자의 오른쪽에 몰리는 경우의 수는 단 한 가지뿐이다. 이때는 빨간 공과 파란 공이 질서정연하게 배열된 경우이므로 엔트로피가 낮다. 반면 빨간 공과 파란 공이 적당히 뒤섞여 있을 경우의 수는 어마어마하게 많다. 예컨대 상자의 왼쪽과 오른쪽에 빨간 공이 5개씩 각각 나뉘어 있을 경우, (1, 2, 4, 7, 10)번이 왼쪽에 있든 (1, 3, 5, 6, 8)번이 왼쪽에 있든 똑같은 결과를 준다. 공들이 골고루 섞여 있을수록 그 공들이 취할 수 있는 경우의 수는 커진다. 이때는 엔트로피가 크다.

열역학 제2법칙과 블랙홀이 대체 무슨 상관이 있을까? 비빔밥을 열심히 섞어서 블랙홀로 던졌다고 생각해보자. 그 결과로 블랙홀의 질량은 비빔밥의 질량만큼 늘어났을 것이다 (그리고 사건의 지평선도 그만큼 늘어난다). 하지만 블랙홀의 물리적 성질은 오로지 그 질량으로만 정해진다. 그렇다면 이때 엔트로피는 줄어든 것이 아닐까? 질량 하나로만 그 성질이 정해지는 블랙홀은 전혀 무질서해 보이지 않는다. 열역학 제

2법칙은 에너지 보존법칙만큼이나 물리학자들이 버리고 싶지 않은 자연의 법칙이다. 만약에 이 법칙에 어긋나는 상황이 벌어진다면 어떻게든 그 상황을 피하고 싶어 할 것이다.

이 문제에 대한 해결책을 제시한 사람은 제이콥 베켄슈타인이었다. 베켄슈타인은 1972년 블랙홀이 엔트로피를 가지며 그 값은 블랙홀의 넓이에 비례한다는 충격적인 주장을 내놓았다. 블랙홀의 넓이란 사건의 지평선이 둘러싸고 있는 구면의 넓이를 말한다. 이것이 사실이라면 열역학 제2법칙은 블랙홀과 행복한 동거를 계속할 수 있다. 블랙홀이 뭔가를 집어삼키면 그 결과 블랙홀의 크기가 커져서 결과적으로 그 넓이, 즉 엔트로피도 증가하기 때문이다. 이를 일반화된 열역학 제2법칙이라고 부른다.

당시 스티븐 호킹은 베켄슈타인의 주장을 믿지 않았다. 그래서 베켄슈타인의 주장을 반박할 요량으로 블랙홀을 연구하기 시작했다. 블랙홀을 연구하던 호킹은 오히려 1974년, 베켄슈타인을 지지하는 연구결과를 내놓는다. 호킹은 블랙홀이 정말로 엔트로피를 가지며 그 양은 블랙홀 넓이의 4분의 1임을 보였다. 베켄슈타인은 블랙홀의 엔트로피가 넓이에 비례한다고 했었는데 호킹은 그 비례상수를 찾은 것이다.

호킹은 여기서 한걸음 더 나아갔다. 엔트로피란 열역학의 관점에서 봤을 때 물리적인 일을 하지 않는 열량으로도 정의할 수 있다. 예를 들면 자동차의 경우 연료를 폭발시켜 얻은 열을 역학적인 에너지로 바꿔서 바퀴를 굴린다. 이때 필연적으로 역학적인 운동으로 바꿀 수 없는 열이 발생하기 마련이다. 엔진을 데우거나 배기가스로 나가는 등 자동차 각 기관의 내부 상태를 바꾸는 데에 소요되는 열이 있다. 이것이 엔트로피에 해당한다. 이 관점에서 보자면, 엔트로피가 있다는 것은 열이 있다는 이야기이다. 열이 있다면 온도를 정의할 수 있다. 호킹은 모든 블랙홀이 자신의 질량에 반비례하는 온도를 가진다고 주장했다!

　호킹의 충격은 여기서 끝나지 않았다. 열이 있는 물체는 빛을 낸다. 마치 달궈진 쇳덩이가 빛을 내듯이 열을 가진 물체는 빛을 낸다. 이것을 흑체복사라고 부른다. 호킹은 블랙홀이 특정한 온도를 가지며, 그 온도에 걸맞은 빛을 낸다고 주장했다. 이것이 그 유명한 '호킹복사'이다. 호킹은 사건의 지평선 근처에서 일어날 수 있는 양자역학적인 반응을 연구한 끝에 블랙홀이 입자를 방출할 수 있다는 결론을 내렸다.

양자역학은 미시세계를 지배하는 자연의 원리이다. 미시세계에서는 라플라스가 주장했던 고전역학의 결정론이 배격되고 불확정성이 그 자리를 대신한다. 따라서 미시세계는 확률론의 세계이다. 미시세계의 불확정성이 허용하는 범위 안에서 아무것도 없는 진공상태는 갑자기 입자와 반입자(원래 입자와 전기전하량만 반대인 입자)를 만들어낼 수 있다. 좀 더 양자역학적인 언어로 표현하자면, 그런 현상이 일어날 확률이 0이 아니다. 이렇게 쌍으로 만들어진 입자 가운데 하나가 블랙홀의 사건의 지평선으로 사라지고 나머지 입자가 지평선 밖으로 나오면, 멀리서 봤을 때 블랙홀이 입자를 내뱉는 현상을 보게 된다. 블랙홀 바깥에서 관측되는 입자는 양의 에너지를 갖고 있을 테니까 블랙홀 안으로 떨어진 입자는 음의 에너지를 가진 것으로 간주할 수 있다. 그 결과 블랙홀은 에너지를 잃게 된다. 즉, 호킹복사란 블랙홀이 질량을 잃어버리면서 입자를 방출하는 현상이다.

그렇다면 지금 우리는 은하 중심에 있을지도 모르는 블랙홀의 호킹복사를 어떻게 관측할 수 있을까? 안타깝지만 실제 블랙홀의 호킹복사를 관측하기란 대단히 어렵다. 어지간한 블랙홀은 그 온도가 지금 우주의 온도(절대온도 2.7도)보다도 훨씬 낮다. 그래서 호킹복사가 잘 일어나지 않는다. 설령 호킹복사가 일어난다 해도 그 과정이 굉장히 더디다. 우리가 감지할 수 있는 질량의 변화가 생기기까지 대략 10^{60}년 정도 걸린다. 우주의 나이가 겨우 138억 년에 불과하니까, 현실적으로 호킹복사를 관측하기란 거의 불가능하다.

여기서 호킹의 도발이 시작된다. 다시 블랙홀에 비빔밥을 던져보자. 가련한 비빔밥은 블랙홀 속으로 떨어진 뒤 언젠가는 특이점을 만나 산산이 부서져버릴 것이다. 그런데 블랙홀은 호킹복사를 통해 천천히 질량을 잃어버리면서 증발해버린다. 여러분이 열심히 뒤섞은 비빔밥의 모든 정보는 대체 어디로 가버린 것일까?

호킹은 이런 논리를 다듬어서 블랙홀에서는 정보가 손실된다고 주장했다. 문제는 미시세계의 지배원리인 양자역학이 정보손실을 허용하지 않는다는 것이다. 호킹복사는 중력이론으로서의 일반상대성이론과 양자역학이 결합된 결과이다. 그 둘을 모아놓고 보니 정보손실이라는 모순이 생겼다. 왜 이런 모순이 생긴 것일까? 어디가 잘못된 것일까?

스티븐 호킹이나 로저 펜로즈처럼 상대성이론을 주로 연

구하던 사람들은 호킹의 편에 서서 블랙홀에서는 정보가 손실된다고 주장했다. 상대성이론을 중심에 놓고 생각하면 블랙홀처럼 극단적으로 중력이 강력한 곳(특히나 특이점)에서는 양자역학이 잘 작동하지 않는다는 것이다. 반면 레너드 서스킨드나 헤라르뒤스 토프트 같은 과학자들은 양자역학의 편에 서서 결코 정보는 손실되지 않는다고 주장했다. 킵 손은 호킹을 지지하며 정보가 손실된다는 편에 섰다. 이 사실을 염두에 두고 〈인터스텔라〉를 보면 색다른 재미를 느낄 수 있다. 실제로 1997년 킵 손은 호킹과 한편이 되어 존 프레스킬과 내기를 했다. 킵 손과 호킹은 정보손실에 걸었고 프레스킬은 정보가 보존된다는 쪽에 걸었다.

정보역설 논쟁은 좀 엉뚱하게도 끈 이론의 발전과 함께 해결의 실마리를 찾게 되었다. 끈 이론은 자연의 가장 기본적인 단위가 1차원적인 구조물인 끈이라는 전제 위에 세워진 이론으로서, 끈에 대한 양자역학적 이론이다. 끈 이론이 인기를 끌게 된 이유 중 하나는 끈 이론 자체가 중력을 설명하는 요소를 포함하기 때문이다. 예컨대 고무밴드처럼 생긴 고리 모양의 끈은 중력을 매개하는 역할을 한다. 그러니까 끈을 잘 끌어모으면 이론상 블랙홀을 만들 수 있다. 하지만 끈 이론은 기본적으로 양자이론이므로 끈으로 블랙홀이 만들어지고 사라지는 과정에서 정보가 손실될 리가 없다.

킵 손이 호킹과 함께 프레스킬과 내기를 했던 1997년 말, 끈 이론 역사상 가장 획기적인 업적으로 평가받는 논문이 발표된다. 아르헨티나 출신의 후안 말다세나는 5차원에서의 중력이론과 그 5차원의 표면에 해당하는 4차원상에서의 양자이론이 동등하다는 추론을 내놓았다. 이른바 '말다세나 추론'이다. 이것은 일종의 홀로그래피 이론이다. 게다가 중력현상을 양자역학으로 모두 설명할 수 있다. 블랙홀에서 일어나는 모든 현상은 그 현상이 일어나는 공간보다 한 차원이 낮은 표면에서의 양자역학으로 대치할 수 있다. 블랙홀에서 정보가 손실되는지 아닌지를 알아보려면 그에 상응하는 낮은 차원의 양자역학을 들여다보면 된다. 자세한 내막은 구체적인 과정을 살펴봐야겠지만, 어쨌든 양자역학에서는 정보가 결코 손실되지 않는다. 그렇다면 블랙홀에서도 정보가 사라지지 않을 것이다!

2004년 마침내 호킹은 '항복선언'을 하기에 이른다. 그해 더블린 학회에서 호킹은 '블랙홀과 정보역설Black holes and the information paradox'이라는 제목의 강연에서 자신의 입장을 철회했다. 이듬해에는 미국의 학술지인 《피지컬 리뷰Physical Review》에 「블랙홀에서의 정보손실Information loss in black holes」이라는 4쪽짜리 논문을 발표했다(Physical Review D 72, 084013, 2005). 이 논문은 말하자면 호킹의 '항복문서'쯤 된다. 논문 초록의 맨 끝에 이런 말이 나온다.

"기본적인 양자중력의 상호작용 속에서 정보 혹은 양자적 결맞음은 손실되지 않는다."

논문 도입부Introduction의 마지막 문단에는 정보역설을 둘러싼 논쟁을 개괄하면서 말다세나 추론을 들어 자신이 어떻게 패배했는지를 간단하게 설명하고 있다. 그 내용은 이렇다.

"등각장론은 명시적으로 가역적unitary이므로 끈 이론은 정보를 보존해야만 한다는 논지이다. 반 드 지터 공간 속의 블랙홀로 떨어지는 어떤 정보라도 다시 나와야만 한다. 하지만 정보가 블랙홀에서 어떻게 나올 수 있는지는 여전히 명확하지가 않다. 나는 여기서 이 질문을 다루려고 한다."

전문용어들은 신경 쓸 필요가 없다. 호킹이 말다세나 추론을 받아들여 정보가 어떻게 보존되는지를 이 논문에서 살펴보겠다는 것이다. 정보가 보존된다면 블랙홀 속으로 들어간 정보가 다른 우주로 사라진다든지 하는 일은 일어나지 않는다. 블랙홀로 들어간 정보가 다른 우주로 새어나간다는 주장은 정보손실을 지지하던 사람들 중 일부가 주장한 내용이었다. 호킹은 논문의 결론 부분에서 여기에 대한 논평을 남겼다.

"한때 내가 생각했던 것처럼 아기 우주가 가지 치듯이 뻗어 나오지 않는다. 정보는 확고하게 우리 우주에 남는다. **SF 팬들을 실망시켜서 유감스럽지만, 정보가 보존된다면 블랙홀을 이용해서 다른 우주로 여행할 가능성은 없다.** 만약 여러분이 블랙홀로 뛰어들면 여러분의 질량, 즉 에너지는 여러분이 어떤 모습이었는지에 대한 정보를 담고 있지만 쉽게 알아볼 수는 없는 그런 상태로, 짓이겨진 형태로 우리 우주로 돌아올 것이다. 이는 백과사전을 태우는 것과도 같다. 연기와 재를 간직하고 있는 한, 정보는 사라지지 않는다."

이 논문의 마지막에는 흥미롭게도 1997년의 내기에 대한 이야기가 있다. 전문 학술지에 실린 논문에 이런 사적인 내용이 들어가는 경우는 극히 드물다.

> "1997년. 킵 손과 나는 블랙홀에서 정보가 손실될 것이라며 존 프레스킬과 내기를 했다. 내기에서 진 쪽이 이긴 쪽에게 자기가 선택한 백과사전을 주기로 돼 있었다. 백과사전에서 정보를 복원하기란 쉽다. 나는 존에게 야구 백과사전을 주었는데, 그냥 잿더미를 줄걸 그랬다."

호킹의 항복에도 불구하고 킵 손은 별다른 입장변화가 없는 모양이다. 그렇다면 〈인터스텔라〉에서 블랙홀에 빠진 쿠퍼가 과거의 딸에게 정보를 보내는 것은 어떤 의미일까? 다른 우주로 정보가 새어나간다는 것일까, 아니면 어쨌든 정보가 보존되어 다시 복원된다는 의미일까? 나도 잘 모르겠다. 정보역설 논쟁의 한 주역이었던 서스킨드는 호킹과의 논쟁 과정을 정리해서 『블랙홀 전쟁』이라는 책을 남겼다. 나는 이 책을 번역할 행운을 누렸다. 그 과정에서 블랙홀과 정보역설에 대해 많은 공부를 할 수 있었고, 덕분에 〈인터스텔라〉를 보면서 색다른 재미를 느낄 수 있었다.

호킹이 항복하기는 했지만 그렇다고 논쟁이 완전히 종결된 것은 아니다. 호킹의 논증이 명확하지 않다는 주장도 있고, 무엇보다 블랙홀 속에서 정말로 정보가 어떻게 되는지, 블랙홀 안으로 추락하면 대체 무슨 일이 일어나는지 아무도 정확하게 이해하지 못하고 있기 때문이다. 이와 관련해 새로운 논쟁이 지난 2012년부터 시작되었다. 산타바버라 캘리포니아 대학교의 아메드 알름헤이리, 도널드 마롤프, 조셉 폴친스키, 제임스 설리 등 4명(성의 머리글자를 따서 AMPS라고 부른다)은 만약에 정보가 보존된다면 블랙홀로 뛰어든 쿠퍼가 사건의 지평선을 지키고 있는 불구덩이firewall에 홀랑 타버릴 수도 있다고 주장했다. 이것은 아인슈타인의 등가원리에 정면으로 위배된다. 그렇다면 정보는 정말로 손실되는 것일까? 아니면 호킹복사를 기술하는 양자역학에 문제가 있는 것일까? AMPS는 정보가 보존되고, 양자역학에 따라 호킹복사가 일어나고, 또 등가원리가 성립하는, 이 세 가지가 모두 사실일 수가 없다고 주장했다.

이 논쟁은 아직도 현재진행형이다. 말다세나와 서스킨드는 블랙홀 밖으로 빠져나가는 입자와 블랙홀 속의 입자가 서로 연결되어 있으면 이 '불구덩이 역설'을 피할 수 있다고 주장했다. 그 연결통로는 바로 웜홀이다. 불구덩이 역설이 왜 역설인지, 웜홀을 도입하면 어떻게 역설을 피할 수 있는지 등은 굉장히 기술적이고 전문적인 내용들을 다뤄야 하기 때문에 더 이상의 설명은 생략하기로 한다. 다만 〈인터스텔라〉에서 블랙홀로 뛰어든 쿠퍼가 불구덩이를 만나지 않은 것으로 봐서 킵 손이나 크리스토퍼 놀란 감독은 사건의 지평선에 그런 불구덩이 따위는 없다고 믿는 것 같다.

말다세나와 서스킨드가 선호하는 웜홀은 멀리 떨어진 2개의 시공간을 연결하는 통로이다. 웜홀이 무엇인지는 〈인터스텔라〉 속에서 종이를 접어 연필로 구멍을 뚫는 장면을 보면 직관적으로 쉽게 이해할 수 있다. 일반상대성이론에서 웜홀 풀이가 나올 수 있다는 사실은 중력장 방정식이 완성된 직후인 1916년부터 알려져 있었다. 웜홀이라는 이름을 붙인 것도 블랙홀의 작명자인 존 휠러였다.

킵 손은 웜홀과 인연이 깊다. 『코스모스』로 유명한 칼 세이건이 소설 『콘택트』를 쓸 때 그 내용과 관련해서 킵 손에게 문의를 한 적이 있었다. 이 소설은 조디 포스터가 주연한 동명

- 웜홀 -

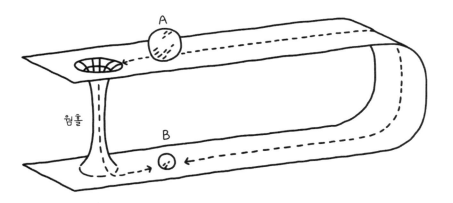

A에서 B까지 이동하려면 엄청난 시간이 걸릴 것이다.
그러나 웜홀이 존재한다면 시간을 획기적으로 단축할
수 있을 것이다.

의 영화로도 만들어졌다. 애초에 칼 세이건은 주인공이 블랙홀을 통해 베가성까지 여행하는 것으로 설정했었다. 하지만 블랙홀의 끝에는 우주 저 너머의 다른 공간이 아니라 무자비한 특이점이 기다리고 있다. 블랙홀로는 우주여행을 하지 못한다. 이 점을 잘 알고 있던 킵 손은 웜홀을 이용해서 우주여행을 할 수 있는 방법을 고안했다. 보통의 웜홀은 설령 만들어진다고 하더라도 금세 수축되어 사라져버리기 때문에 인간이나 우주선이 그 사이를 통과할 수가 없다. 킵 손은 음의 에너지를 가진 '이상 물질exotic matter'이 있으면 웜홀을 안정적으로 유지할 수 있다고 주장했다. 킵 손은 칼 세이건에게 블랙홀 대신 웜홀을 이용할 것을 추천했고, 자신의 연구결과를 자기 학생들과 함께 두 편의 논문으로 발표했다. 그중 마이클 모리스와 둘이서 쓴 1987년 논문의 제목이 다음과 같다(《American Journal of Physics》라는 학술지에 실렸다).

「Wormholes in spacetime and their use for interstellar travel: A tool for teaching general relativity」

영화 〈인터스텔라〉의 제목이 여기서 유래했는지도 모를 일이다. 이 논문은 도입부에서 블랙홀이 왜 우주여행에 적합하지 않은지부터 논하면서 시작한다. 흥미롭게도 이 논문의 말

미에 저자들은 웜홀을 이용한 시간여행의 가능성을 타진한
다. 상대속도가 아주 빠른 2개의 웜홀을 이용하면 시간여행
도 가능하다는 것이 이들의 주장이다.

킵 손이 마이클 모리스, 울비 유르트서버와 함께 1988년에
쓴 논문(《Physical Review Letters》라는 학술지에 실렸다. 이 학술지
는 물리학 분야에서 가장 권위 있는 학술지이다)은 웜홀을 타임머
신으로 이용할 수 있다는 주장을 담고 있다. 제목부터가 심상
치 않다. 「Wormholes, Time Machines, and the Weak Energy
Condition」

이 논문에서 저자들은 웜홀의 입구를 광속에 가까이 빠른
속도로 운동시킬 수 있다면 시간여행이 가능하다고 주장한
다. 웜홀을 통한 시간여행은 어쩌면 킵 손의 꿈인지도 모르겠
다. 블랙홀에 빠진 쿠퍼가 과거의 딸에게 정보를 전달하는 장
면을 보면서 나는 킵 손이 자신의 꿈을 영화로 완성시켰구나
하는 생각이 들었다.

시간여행은 SF영화의 단골소재이다. 미래로 가는 시간여
행은 과학적으로 아무런 문제가 없다. 특수상대성이론에 의
한 효과든 일반상대성이론에 의한 효과든 한 사람의 시간을

더디게 할 수 있다. 쿠퍼가 자신보다 늙어버린 딸을 만나는 것이 실제로 가능하다. 하지만 과거로의 시간여행은 인과율 위배라는 심각한 문제를 일으킨다. 이는 마치 내가 나의 신발끈을 잡아당겨 내 몸뚱이를 공중부양 시키는 것만큼이나 모순적이다. 그래서 이것을 '신발끈 모순'이라고도 부른다.

이 문제에 대해서 과학자들은 여러 가지 의견을 내놓고 있다. 어떤 이들은 과거로 가더라도 인과율을 위배하게 되는 행위를 하지 못하게 하는 기제가 어떻게든 작동할 것이라고 주장한다. 과거로 가면 인간의 자유의지가 아주 제한되어 기록된 역사는 바꿀 수 없다는 것이다. 호킹 같은 사람은 양자역학이 과거로 돌아가는 일반상대성이론의 풀이를 허용하지 않을 것이라고 주장한다. 이것을 '연대기 보호chronology protection 기제'라고 부른다. 정말로 우리가 과거로 갈 수 있을지, 그렇다면 자유의지가 크게 제한될지, 아니면 아예 인과율 자체가 무너질지 아무도 모를 일이다. 그래도 영화나 소설에서는 학술지에서와는 달리 마음껏 상상의 나래를 펼 수 있으니 아무렴 어떠랴.

집 우, 집 주, 넓을 홍, 거칠황

"우주는 넓고 거칠다(宇宙洪荒)."

천자문의 두 번째 구절이다. 천자문의 '우주'가 지금 우리가 흔히 말하는 우주와는 정확하게 같지는 않겠지만, 우주는 넓고 거칠다는 이 짧은 문장만 놓고 보면 21세기의 인류가 알고 있는 우주의 모습과 크게 다르지 않다는 생각도 든다. 머지않은 미래에 우주여행을 꿈꾸고 있다면 우주홍황 한마디는 염두에 둘 만하다. 우주는 넓고, 또 그리 만만하지가 않다. **우주는 까칠하다.**

우주가 얼마나 넓은가에 대해서는 20세기 초까지도 대논쟁이 있었다. 실제로 이 논쟁의 이름이 '대논쟁great debate'이다. 때는 1920년, 장소는 미국 국립과학아카데미. 윌슨 산 천문대를 대표해서 나온 할로우 섀플리는 우리 은하(은하수 은하)가 우주의 전부라고 주장했고, 릭 천문대를 대표해서 나온 히버 커티스는 우리 은하 밖에도 뭔가가 있다고 주장했다. 우리 은하 밖에 뭔가가 있는지 없는지 불과 100년 전만 해도 잘 몰랐다는 이야기이다. 천상의 비밀을 잘 몰랐다고 해서 7세기 신라인을 비웃을 일이 아니다.

논란의 핵심은 성운이었다. 그때까지 관측된 성운들이 모두 우리 은하 속에 있을까, 아니면 우리 은하 너머에 있을까? 만약 성운들이 모두 우리 은하 속에 있으면 섀플리가 옳고 그렇지 않으면 커티스가 옳다. 따라서 성운들이 지구에서 얼마나 멀리 떨어져 있느냐가 중요하다. 그중에서도 주목받는 성운이 하나 있었으니, 바로 안드로메다 성운이다. 안드로메다 성운까지의 거리가 우리 은하의 크기(대략 10만 광년)보다 작으면 섀플리의 주장이 힘을 얻을 것이다. 반대로 안드로메다 성운까지의 거리가 우리 은하의 크기보다 더 크면 안드로메다 성운은 더 이상 우리 은하에 속하지 않게 된다. 이 경우는 섀플리의 주장에 대한 확실한 반증이므로 그 주장은 완전히

기각된다. 문제는 안드로메다 성운까지의 거리를 측정하기
가 쉽지 않다는 데 있다.

 별이든 성운이든 우리가 우주에서 얻을 수 있는 정보는 대
부분 빛을 통해서이다. 불행히도 멀리서 오는 빛만 가지고서
는 그 광원이 얼마나 멀리 떨어져 있는지 알 수 없다. 원래 광
원이 어두워서 어두운 것인지, 아니면 광원 자체는 밝지만 거
리가 멀어서 어둡게 보이는지 알 길이 없다. 그래서 사람들은
오랜 세월 멀리 있는 천체까지의 거리를 측정할 수 있는 방법
을 개발해왔다. 천문학, 그리고 우주론의 역사는 거리 측정
의 역사라고 해도 과언이 아니다.
 별까지의 거리를 재는 대표적인 방법이 연주시차를 이용하
는 것이다. 연주시차란 지구가 태양을 공전하기 때문에 생기
는 시차를 말한다.
 연주시차는 지구가 태양 주위를 공전한다는 확실한 증거
중의 하나였으나 19세기에 이르러서야 처음으로 측정할 수
있었다. 프리드리히 베셀은 1838년 백조자리 61번 별의 연주
시차가 약 0.3초임을 관측했다. 연주시차가 1초에 해당하는
거리를 1파섹이라고 부른다. 1파섹은 약 3경 미터로, 광년으

- 연주시차 -

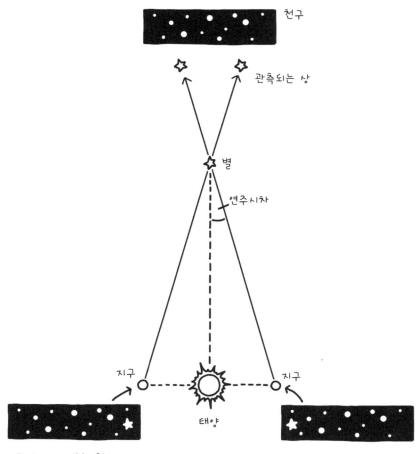

천구

관측되는 상

별

연주시차

지구

지구

태양

지구에서 바라보는 천구의 상

지구에서 바라보는 천구의 상

로 환산하면 3.26광년이다.

연주시차가 별까지의 거리를 재는 쓸 만한 방법이기는 하지만 아주 멀리 있는 별의 연주시차는 너무나 작아서 관측이 어렵다. 20세기 초반에는 머나먼 천체까지의 거리를 잴 수 있는 획기적인 방법이 등장했다. 별빛의 밝기가 변하는 별, 변광성 덕분이었다. 별빛이 변하는 데에도 여러 가지 형태가 있다. 그중에서 **마치 맥박이 고동치듯이 별빛이 주기적으로 밝아졌다 어두워지는 맥동형 변광성을 '세페이드 변광성'이라고 부른다.**

세페이드 변광성의 별빛의 밝기가 시간에 따라 변하는 이유는 별 내부의 이온화된 헬륨층이 내부 압력에 의한 팽창과 중력에 의한 수축을 반복하면서 별 밖으로 내뿜는 빛의 양이 달라지기 때문이다. 미국 하버드 천문대에서 천체사진 분석팀으로 활동하던 헨리에타 리빗은 1912년 세페이드 변광성의 밝기가, 별빛이 밝아지고 어두워지는 주기와 밀접한 관련이 있다는 것을 밝혔다. 리빗은 당시 하버드 천문대에서 이른바 '인간 계산기'로 활동했던 수많은 여성들 중 한 명이었다. 리빗이 발견한 변광성만 무려 2,400여 개에 달해 리빗에게는 '변광성의 달인'이라는 칭호가 따라다녔다.

리빗은 소마젤란 성운의 세페이드 변광성 25개의 주기를 조사해서, 변광성의 밝기가 밝을수록 주기가 길다는 결과를 얻었다. 25개의 변광성이 모두 소마젤란 성운에 속해 있다면 지구에서 이 별들까지의 거리는 거의 같을 것이다. 따라서 이들 별들의 겉보기 밝기가 다르다면 그것은 원래 그 별의 밝기, 즉 절대밝기가 다르기 때문일 것이다. 결과적으로 리빗은 세페이드의 주기가 별의 절대밝기와 관계가 있음을 발견한 것이다. 세페이드가 밝아지고 어두워지는 과정은 별 내부의 물리적인 메커니즘에 의한 것이므로 주기와 밝기 사이에 모종의 관계가 있을 터인데 리빗이 그것을 직접 관측으로 찾아낸 것이다.

세페이드의 주기-밝기 관계를 이용하면 그 별까지의 거리를 알 수 있다. 먼저 세페이드의 주기를 측정하면 그로부터 그 별의 절대밝기를 알 수 있다. 그리고 세페이드의 겉보기 밝기를 측정해서 절대밝기와 비교하면 그 별이 얼마나 멀리 떨어져 있는지 알 수 있다. 세페이드처럼 절대밝기를 알 수 있는 천체를 '표준촛불standard candle'이라고 한다.

그러던 1923년 10월의 어느 날, 윌슨 산 천문대의 한 천문학자가 안드로메다 성운을 찍은 사진에 별이 하나 찍혔다. 운 좋게도 그 별은 세페이드 변광성이었다. 안드로메다 성운까지의 거리를 알 수 있게 된 것이다! 그 결과는 80만 광년이었다. 이는 우리 은하의 크기를 압도하는 거리이다. 논쟁은 끝났다. 안드로메다는 이제 성운이 아니라 은하가 되었다. 지금 우리가 알고 있는 안드로메다은하까지의 거리는 250만 광년이다. 대논쟁을 종식시킨 장본인은 에드윈 허블이었다.

  은하수 은하 밖에도 드넓은 우주가 있다는 것을 밝힌 것도 대단한 발견이었지만, 1929년 허블은 20세기 과학사에 길이 빛날 위대한 발견을 하게 된다. 허블은 총 46개의 외계은하가 움직이는 속도를 측정했다. 은하의 속도는 은하가 내는 빛의 파장을 분석하면 알 수 있다. 은하가 지구로 다가오면 파장은 짧아지고 멀어지면 파장은 길어진다. 이것은 예전부터 잘 알고 있었던 도플러 효과이다. 구급차가 다가올 때 사이렌 소리가 고음으로 올라가고 멀어질 때 저음으로 낮아지는 것은 음파의 도플러 효과 때문이다. 자동차나 야구공의 속도를 재는 스피드건도 도플러 효과를 이용한다. 허블이 관측한 결과, 모든 은하의 파장이 길어졌다. 파장이 길어지는 현상을 적색편이red shift라고 부른다. 빨주노초파남보의 가시광선 영역에서 빨간색이 파장이 가장 길기 때문에 이런 이름이 붙었다.

모든 은하의 파장이 길어졌다는 말은 허블이 관측한 모든 은하가 지구에서 멀어졌다는 말이다. 하지만 허블의 발견에서 정말로 중요한 대목은 은하들이 멀어지는 양상이다. 어떻게 멀어지느냐 하면, 멀리 있는 은하일수록 거리에 비례해서 더 빨리 멀어진다. 허블의 발견을 다시 정리하면 이렇다.

1. 모든 은하는 멀어진다
2. 멀어지는 속도는 거리에 비례한다

여기서 2번 사항을 허블의 법칙이라고 부른다. 허블이 관측한 46개의 은하 중에서 거리를 알고 있던 은하는 24개였다. 허블의 법칙은 이 24개의 은하로부터 나온 결과였다. 은하가 멀어지는 속도가 거리에 비례한다면, 나머지 거리를 모르는 22개의 은하의 속도로부터 그 거리를 추정할 수 있다. 허블이 은하까지의 거리를 재는 새로운 방법을 제시한 셈이다.

하지만 허블이 발견한 결과의 의미를 제대로 이해하기 위해서는 2번, 즉 허블의 법칙을 좀 더 자세하게 살펴볼 필요가 있다.

- 허블의 법칙 -

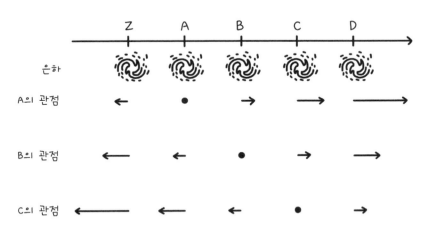

은하가 멀어지는 양상은 어디서나 똑같다.

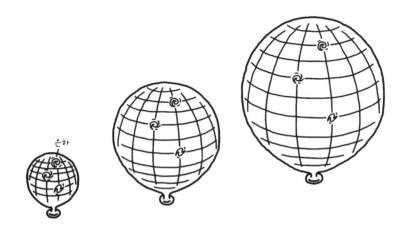

마치 풍선이 부풀듯 우주공간은 전체적으로 팽창한다.

앞의 그림은 허블의 법칙을 1차원적으로 도식화해서 표현한 것이다. 은하A의 관점에서는 은하Z와 B가 같은 거리에서 정반대로 멀어지고, 은하C는 B의 방향으로 2배 거리에서, D는 3배 거리에서 멀어지고 있다. 화살표의 길이는 멀어지는 속도의 크기로서, 은하A로부터의 거리에 비례한다. 멀리 있는 은하일수록 더 빨리 멀어진다. 이제 우리가 좌표계를 은하A에서 은하B로 바꿔보자. 상대론적인 효과를 무시한다면 우리는 앞의 그림의 'B의 관점'과 같은 결과를 얻을 것이다. 은하B의 입장에서는 은하C가 가장 가까운 은하이고 은하D가 그보다 2배 거리에 있다. 지금 우리는 은하B의 속도와 같이 움직이고 있으므로 A가 관측한 C의 속도가 절반으로 줄어든 것으로 관측될 것이다. D의 멀어지는 속도도 똑같은 크기만큼 줄어든다. 그 결과, 이것이 정말로 중요한 결론인데, A가 바라보는 은하들의 멀어지는 양상과 B가 바라보는 은하들의 멀어지는 양상이 똑같다! 이것은 은하의 멀어지는 속도가 거리에 정확하게 비례하기 때문이다. 만약에 은하의 멀어지는 속도가 거리의 제곱에 비례한다면 결코 이런 결과를 얻을 수가 없다.

따라서 허블의 법칙의 중요한 결과 중 하나는 우주의 어디에서나 은하가 멀어지는 양상이 똑같다는 것이다. 달리 말하면 우리 우주에는 다른 곳과 구별되는, 특수한 지위를 점하는 위치가 없다. 우주의 어디에서나 모든 은하가 모든 방향으로 거리에 비례해서 멀어진다. 이 결과를 이해하는 한 가지 방법은 우주의 공간 자체가 균일하게 팽창한다는 것이다. 공간 자체가 팽창한다는 것은 공간 속의 임의의 두 점 사이의 거리가 균일하게 멀어진다는 말이다.

앞의 그림에서 은하로 표시한 점들을 공간의 격자라고 생각하면 마치 1차원의 고무줄이 균일하게 양쪽으로 늘어나는 것과도 같다. 흔히 우주공간의 팽창을 설명할 때 풍선의 비유를 자주 든다. 풍선에 점을 여러 개 찍고 풍선을 불면 풍선 표면적이 넓어짐에 따라 점들 사이의 거리가 점점 멀어진다. 실제 은하는 3차원 공간 속에서 멀어지고 있고, 우리 우주의 3차원 공간이 균일하게 팽창하고 있다. 허블은 우리 우주가 팽창하고 있음을 발견한 것이다! 우주가 팽창하면 지구에 도달하는 별빛의 양도 점차 줄어들 것이다. 팽창하는 우주의 밤하늘은 그래서 어둡다.

나는 팽창하는 우주의 발견이야말로 20세기의 가장 위대한

발견이 아닐까 싶다. 인간을 포함하는 가장 큰 자연의 단위가 우주라고 했을 때, 그 우주의 가장 생생한 모습을 발견했으니까 말이다. 인류가 천상의 비밀을 알아내기 위해 노력해온 그 유구한 역사를 생각해봤을 때 겨우 1929년이면 정말로 최근이다. 지금으로부터 100년도 채 안 된다.

　우주가 팽창한다면 얼마나 빠른 속도로 팽창하고 있는지(또는 은하가 얼마나 빨리 멀어지고 있는지)를 아는 것도 중요하다. 여기서 고민이 생긴다. 공간이 팽창하는 정도는 지구에서 얼마나 멀리 떨어져 있느냐에 따라 다르다. 거리가 멀수록 더 빨리 멀어진다고 하지 않았던가. 그래서 우주가 팽창하는 정도를 나타낼 수 있는 하나의 기준이 되는 거리를 정할 필요가 있다. 그 거리는 메가파섹$_{Mpc}$이다. 메가는 100만을 나타내는 접두사이고 파섹은 연주시차가 1초가 되는 거리이다. 따라서 메가파섹은 326만 광년에 해당하는 거리이다. 326만 광년이면 안드로메다은하보다도 더 먼 거리이다. 지구에서 326만 광년에 있는 은하가 얼마의 속도로 멀어지느냐 하는 것이 우주가 팽창하는 정도를 나타내는 기준이다. 이 값을 허블상수라고 부른다. 허블의 1929년 논문에는 이 값이 초속 500킬로미터였다. 지금은 이 값이 굉장히 줄어서 가장 최근의 결과

(2013년 Planck위성의 관측결과)는 약 초속 68킬로미터이다. 보통 허블상수는 다음과 같이 표기한다.

$H_0 = 68km/sec/Mpc$

여기서 $68km/sec$라는 속도단위에 더해서 Mpc이라는 거리단위가 나뉘어 있음에 유의하라. 이렇게 표기하면 거리가 2배 늘어났을 때 속도도 2배 늘어난다. 그래야 전체 비율이 일정하게 유지가 된다. 1메가파섹에서 초속 68킬로미터로 멀어진다면, 2메가파섹에서는 초속 136킬로미터로 멀어진다.

허블상수는 시간에 따라 변하는 양이다. 과거 우주의 팽창비율과 지금 팽창비율이 같지 않다. H에 아래 첨자 0을 붙인 값은 관습적으로 현재의 팽창비율을 나타낸다. 나는 허블상수의 의미만 제대로 이해해도 현대 우주론의 절반을 이해한 것이나 다름없다고 생각한다. 허블상수는 현대 우주론에서 가장 중요한 자연의 상수이다.

허블의 법칙에는 또 다른 의미가 숨어 있다. 우주가 그렇게 균일하게 팽창하고 있다면, 시간을 거꾸로 돌렸을 때 과거에는 모든 은하가 한곳에 몰려 있지 않았을까? 다시 앞의 그림을 보자. B의 관점에서 봤을 때 시간을 거꾸로 돌리면 A와 C는 같은 속도로 B를 향해 돌진할 것이다. 한편 D와 Z는 2배 멀리 떨어져 있지만 속도가 2배이므로 시간을 거꾸로 돌렸을 때 B에 도달하는 순간이 A나 C와 같을 것이다(편의상 중간과정에서의 속도변화는 생각하지 않기로 한다). 그 결과 태초에는 우주의 모든 것이 아주 좁은 공간에 모두 다 몰려 있었을 것이라고 추론할 수 있다. 바로 이 순간이 '빅뱅big bang'이다. 허블의 법칙은 빅뱅이라는 우주의 시작을 내포하고 있다.

그렇다면 우리의 우주는 빅뱅으로부터 얼마나 오래 지나 지금의 모습을 갖게 되었을까? 간단히 말해, 우리 우주의 나이는 얼마일까? 여기서 다시 허블상수의 중요성이 떠오른다. 허블상수는 우주가 팽창하는 비율이다. 비율의 역수를 취하면 지금의 상태에 이르기까지 걸린 시간이 나온다. 예를 들어 초당 2센티미터씩 길어지는 자가 있다고 상상해보자. 지금 이 자의 길이는 100센티미터이다. 자가 길어지는 비율은 지금의 길이(100센티미터)를 기준으로 했을 때 초당 0.02씩 커진 셈이다. 따라서 자가 0에서 100센티미터가 되는 데까지 걸린 시간은 $1/0.02=50(sec)$의 결과를 얻는다. 우주가 팽창하는 것도 정확하게 이와 같다. 허블상수의 역수를 취하면 우주의 나이를 알 수 있다! 실제로 간단한 산수를 해보면 다음과 같다.

1메가파섹은 100만 파섹이고, 1파섹은 약 30조 킬로미터 ($=3 \times 10^{13} km$)이므로 $1Mpc = 3 \times 10^{19} km$라고 쓸 수 있다. 그렇다면 허블상수의 역수는

$$\frac{1}{H_0} = \frac{3 \times 10^{19} km}{68 km/sec} = 4.4 \times 10^{17} sec$$

이다. 이렇게 계산한 값을 '허블시간Hubble time'이라고 부른다. 위 계산에서 분자, 분모의 킬로미터 단위가 똑같이 상쇄되었음에 유의하라. 이것은 초 단위로 계산한 우주의 나이이다. 이것을 연 단위로 바꾸면 140억 년이 나온다. 우주의 나이는 대략 140억 년이다!

여기서 나는 '대략'이라고 했다. 왜냐하면 이 결과는 우주의 팽창비율이 과거나 현재나 항상 똑같았다는 가정하에 계산한 값이기 때문이다. 하지만 일반적으로 우주의 팽창비율은 시간에 따라 일정하지 않다. 예를 들어 고속열차가 서울에

서 부산으로 갈 때 평균 시속 150킬로미터의 속도로 약 450킬로미터의 거리를 달린다면, 우리는 간단한 나누기를 통해 3시간이 걸릴 것으로 짐작할 수 있다. 하지만 실제 고속열차는 항상 시속 150킬로미터로 달리지 않는다. 역에 정차할 때마다 감속과 가속을 반복한다. 이 과정을 모두 계산에 넣어야 정확한 소요시간이 나온다. 이렇듯 매 순간 속도의 변화양상을 모두 고려하여 계산하는 방법이 바로 적분이다. 우주의 나이를 정확하게 계산하려면 우주가 팽창하는 양상을 매 순간 알아내서 적분을 해야 한다. 하지만 전체적인 값은 허블시간과 크게 다르지 않다. 2014년 11월 현재 정확한 우주의 나이는 138억년이다. 우주는 정말로 오래되었다.

우주가 팽창한다고 하면 지구—태양 사이의 거리도 멀어지느냐고 묻는 사람들이 많다. 그렇지는 않다. 태양계나 은하 정도만 되어도 그 속에 있는 무수한 별들과 행성들, 그리고 블랙홀들에 의한 중력이 강력해서 공간이 팽창하지 않는다. 안드로메다은하는 오히려 우리에게 점점 가까워지고 있다. 우주 전체를 거시적으로 놓고 봤을 때의 시공간의 구조와 은하나 항성 수준에서의 시공간의 구조는 같지 않다. 우주가 팽창한다는 것은 은하를 하나의 점이나 그 이하로 취급할 수 있는 전 우주적인 규모에서 일어나는 일이다.

　팽창하는 우주의 발견은 아인슈타인의 심기도 불편하게 했
다. 1915년 자신의 중력장 방정식을 완성하여 일반상대성이
론을 세상에 내놓은 아인슈타인은 1917년 그 방정식을 우주
전체에 적용해보았다. 아인슈타인은 우주가 영원불멸의 모
습으로 존재한다고 생각했다. 그때까지 인류가 바라본 하늘
은 언제나 똑같았으니까 그렇게 생각하는 것이 오히려 당연
했을 것이다.

　하지만 자신의 방정식을 풀어본 결과, 우주가 시간에 따라
동적으로 변하는 풀이를 얻었다. 이것은 대략적으로 생각해
봐도 예상할 수 있는 결과이다. 왜냐하면 우리 우주에는 은하
나 은하단(은하들이 모여서 형성하는 거대 구조) 등 중력 작용을
하는 요소들이 많다. 우주가 제아무리 아무런 움직임도 없이
정적으로 있었다 하더라도 결국에는 은하(단)들이 중력으로
뭉치기 시작하면 이에 따른 시공간의 변화가 우주를 가만히
내버려두지 않을 것이다.

　그래서 아인슈타인은 정적인 우주를 만들기 위해 자신의
방정식에 '우주상수'라 불리는 새로운 항을 손으로 추가했다.

이 항은 진공의 공간 자체가 가지는 에너지 밀도로 해석할 수가 있는데, 은하 등의 중력 작용을 상쇄시켜 정적인 우주를 유지하기 위해 반중력의 효과를 내는 역할을 한다. 하지만 이 균형은 대단히 불안정한 상태여서 마치 봉우리 위에 올려놓은 공과도 같았다. 약간의 변화만 생겨도 이 균형은 무너진다.

아인슈타인이 우주상수까지 도입하면서 고군분투하고 있는 동안 러시아의 알렉산드르 프리드만, 그리고 이후 벨기에의 조르주 르메트르는 1920년대에 아인슈타인 방정식으로부터 동적으로 변화하는 우주라는 결과를 얻었다. 특히 르메트르는 원시원자라는 개념을 도입해서 우리 우주가 이로부터 진화해왔다고 주장했다. 이는 빅뱅이론의 효시라고 할 만하다. 프리드만과 르메트르는 아인슈타인에게 동적인 우주를 주장했으나, 아인슈타인은 모욕적인 언사를 동원하면서까지 번번이 동적인 우주를 거부했다고 한다.

허블의 위대한 발견은 이 논란에 종지부를 찍었다. 우주는 팽창한다. 이후 아인슈타인은 생애 최대의 실수라며 우주상수를 도입한 것을 후회했다. 1931년 아인슈타인은 직접 윌슨 산 천문대를 방문해서 허블이 사용한 망원경을 살펴보기도 했다. 프리드만이 구한 방정식(프리드만 방정식, 1922년)은 지금도 우주의 진화를 설명하는 가장 기본적인 방정식이다. 프리드만, 르메트르 이후 1930년대에 두 명의 미국인 하워드 로버트슨과 아서 워커가 동적인 우주모형에 수학적인 엄밀함을 더해 이후 프리드만-르메트르-로버트슨-워커(성의 머리글자를 따서 FLRW라고 흔히 쓴다) 우주론이라고 부른다. FLRW 우주론은 2014년 현재 표준우주론의 근간이다. 아인슈타인은 우주상수를 도입해 정적인 우주를 만드느라 스타일을 크게 구겼지만, 그럼에도 바로 그 시점부터 현대적이고 정량적인 우주론이 시작되었음은 부인할 수 없다. 1917년 이전에는 엄밀한 의미에서 과학적인 이론으로서의 우주론이 없었다고 해도 과언이 아니다. 현대 우주론의 가장 밑바닥에는 여전히 일반상대성이론이 버티고 있다.

팽창하는 우주를 발견했다고 해서 빅뱅 우주론이 당장 주도적인 이론으로 받아들여진 것은 아니었다. 프레드 호일, 토머스 골드, 헤르만 본디는 우주가 팽창하지만 팽창하는 공간 사이로 새로운 물질들이 계속 생겨나면서 언제나 같은 모습을 유지하는 우주론을 들고 나왔다. 이것을 '정상상태 우주론steady-state cosmology'(1948년)이라고 부른다. 팽창하는 우주만 놓고 보자면 빅뱅 우주론이나 정상상태 우주론이나 크게 우열을 가리기 힘들다. 흥미롭게도 '빅뱅'이라는 단어는 프레드 호일이 1949년 BBC라디오에서 강연하면서, 우주가 오래전에 한 번의 큰 폭발로 생겨났다는 이론을 경멸하면서 쓴 단어였다.

정상상태 우주론이 나온 1948년은 빅뱅 우주론 진영에서도 큰 성과가 있었던 해였다. 세 번의 시도 끝에 소련을 탈출해 미국에 자리 잡은 조지 가모브가 그의 학생 랄프 앨퍼와 함께 연구한 결과, 빅뱅 직후의 고온 고밀도 상태에서 수소, 헬륨, 리튬 등 가벼운 원소들이 약 1초에서 3분 동안 만들어질 수 있음을 보였다. 이 과정을 '빅뱅핵합성'이라고 부른다. 빅뱅핵합성에 따르면 양성자 같은 보통 물질의 밀도에 따라 중수소나 헬륨, 리튬 등이 상대적으로 어떤 비율로 만들어지는지 알 수 있다. 이 값들을 실제 관측값과 비교하면 빅뱅핵합성이 옳은지 그른지 알 수 있다. 결과부터 말하자면 대성공이었다. 빅뱅핵합성은 여러 원소들의 상대적인 비율이 서로 얽혀 있어서 이 모든 가벼운 원소들의 비율이 일치하기란 쉽지 않은 일이었다. 빅뱅핵합성의 성공은 빅뱅의 가장 유력한 증거 중 하나로 꼽힌다.

하지만 그 과정이 순탄치만은 않았다. 가모브는 앨퍼와 함께 자신들의 성과를 논문으로 작성할 때, 당대 최고의 과학자 중 한 명이었던 한스 베테를 함께 저자목록에 올렸다. 베테는 이 작업에 전혀 기여를 하지 않았지만, 가모브는 베테가 저자로 들어가면 앨퍼, 베테, 가모브라는 세 명의 저자명이 '알파-베타-감마'와 비슷해지니까 참 재미있겠다 싶어서 결국 그렇게 논문을 작성했다. 이후 이 논문은 '알파-베타-감마' 논문으로 알려졌다. 논문에서 중요한 계산을 담당했던 앨퍼가 마뜩잖아했음은 미루어 짐작할 수 있다. 이 논문은 4월 1일자로 《피지컬 리뷰》라는 학술지에 실렸다. 앨퍼는 이 성과를 박사학위논문으로 제출했다. 언론에서도 이 결과에 비상한 관심을 보여 4월 14일자 《워싱턴 포스트》는 "세상이 5분 만에 만들어졌다"라는 기사를 내보냈다.

이후 앨퍼는 동료 로버트 허먼과 함께 또 하나의 획기적인 업적을 남겼다. 이들은 빅뱅이 남긴 빛의 잔해가 우주공간을 떠돌아다닐 것이라고 예측했다(1948년). 우주가 아직 고온일 때는 원자핵과 전자가 뒤죽박죽 뒤섞인 플라스마 상태로 한동안 존재했었다. 이때는 전자기력을 매개하는 빛(광자)이 플라스마 속에서 이리저리 튕겨 돌아다니느라 그 속에 갇혀 있게 된다. 그러다가 우주의 온도가 절대온도로 약 3,000도 정도로 식으면 원자핵과 전자가 결합해서 전기적으로 중성인 원자를 만든다. 이때부터는 빛의 진행을 방해하는 요인이 없으므로 우주 어디서든 이 빛을 볼 수 있게 된다. 이 빛을 '우주배경복사Cosmic Microwave Background Radiation, CMB'라고 부른다. 빅뱅 직후 38만 년이 지난 시점이다. 마치 안개가 걷히는 것과도 같아서 이때 우주가 투명해졌다고 말한다.

빅뱅핵합성도 그렇지만 우주배경복사야말로 빅뱅이론과 정상상태 우주론을 가르는 결정적인 심판자이다. 이를 옹호하는 과학자들이 기를 쓰고 찾으려고 했음이 당연하다. 우주배경복사는 한마디로 빅뱅의 화석이다. 먼 옛날에 공룡이 있었는지 없었는지 논란이 분분할 때 화석 하나만 발굴되면 그것으로 끝이다. 문제는 그 화석을 누가 캐내느냐 하는 것이다.

빅뱅의 화석을 캐낸 주인공은 우주론과는 아무런 상관도 없었던 미국 벨연구소의 아르노 펜지어스와 로버트 윌슨이었다. 이들은 1964년, 말 그대로 빅뱅의 화석을 '우연히 주웠다.' 펜지어스와 윌슨은 위성과의 통신을 위해 전파 안테나를 손보던 중 어떻게 해도 사라지지 않는 잡음 때문에 골머리를 앓았다. 생각할 수 있는 모든 수단을 동원해도 이 잡음은 사라지지 않았고, 게다가 우주의 전 방위에서 흘러나오는 것 같았다. 같은 시기 프린스턴대학교의 디케, 페블스, 롤, 윌킨슨 등은 우주배경복사를 찾는 데에 혈안이 돼 있었으나 아무런 성과도 없었다. 그러다가 벨연구소에서 이상한 잡음을 포착했다는 소식을 듣고서 그것이 자신들이 그렇게 찾아 헤매던 빅뱅의 화석임을 알아차렸다. 사람의 운명이란 얼마나 얄궂은지. 이후 디케 연구진의 해설논문과 펜지어스–윌슨의 발견논문이 학술지에 나란히 실렸다. 펜지어스와 윌슨은 그 공로로 1978년 노벨상을 수상했다.

우주배경복사의 발견으로 정상상태 우주론은 설 자리를 잃었다. 호킹은 펜지어스–윌슨의 발견을 두고 "정상상태 우주론의 관 뚜껑을 닫았다"라고 논평했다. 이제야 비로소 빅뱅 우주론이 표준우주론으로 자리를 잡게 되었다. 불과 50년 전의 일이다.

이후 과학자들은 우주배경복사를 좀 더 자세하게 연구하기 위해 다양한 시도를 했다. 가장 획기적인 성과는 역시 인공위성을 이용한 관측이었다. 미국 NASA는 1989년 COBE_{Cosmic Background Explore}라는 위성을, 2001년에는 WMAP_{Wilkinson Microwave Anisotropy Probe}라는 위성을 쏘아 올렸다. 유럽우주국에서는 2009년 Planck위성을 올려 지금까지 관측을 계속하고 있다. 우주배경복사를 관측한 결과는 우주론의 판도를 송두리째 바꿔놓았다. 특히 WMAP의 관측결과는 우주론을 정밀과학의 반열에 올려놓았다. 그 이전까지, 그러니까 대략 20세기 후반까지는 우주의 정확한 나이에도 불확실성이 많아 100억 년~200억 년이라는 추정치만 있을 뿐이었다. 2000년대 초반에 발표된 WMAP의 첫해 관측결과에 따르면 우주의 나이가 137억 년이고 오차가 2억 년에 불과했다. 이때의 허블상수는 $71km/sec/Mpc$로서, 우주의 가장 중요한 허블상수를 이렇게 정확하게 잰 것도 처음이었다.

한편 Planck는 2013년 3월 21일자로 첫 관측결과를 공개했다. Planck가 관측한 허블상수는 약 $68km/sec/Mpc$로서 WMAP의 결과보다 좀 작다. 이것은 어떤 의미일까? 우주가 팽창하는 비율이 예전에 알았던 것보다 작아졌다는 뜻이다. 그렇다면 우주가 지금의 크기로 팽창하는 데에는 더 많은 시간이 걸렸을 것이다. 그래서 Planck가 계산한 우주의 나이는

138억 년이 조금 넘는다. 이것이 지금 2014년 현재 인류가 알고 있는 우주의 나이이다.

20세기가 끝날 무렵인 1998년 세상을 뒤집는 또 하나의 중요한 발견이 공표되었다. 이 발견은 우주의 미래와 직결되는 내용이었다. 많은 과학자들은 우주가 팽창하더라도 은하(단) 등의 중력 작용 때문에 팽창하는 속도가 점점 줄어들 것이라고 예상했다. 그 예상을 실험적으로 검증하기 위해 과학자들은 초신성을 연구했다. 초신성에는 여러 종류가 있다. 그중 Ia형은 쌍성계 별 중 하나가 다른 별에서 물질을 다량 유입해 어느 한계를 넘어섰을 때 초신성으로 폭발하는 유형이다. 초신성도 일종의 변광성으로서 폭발하는 과정에서 밝기가 변한다. 그러나 초신성의 최대밝기는 모든 초신성에 대해 똑같을 것이라 여겼다. 왜냐하면 초신성이 터지는 물리적인 과정이 일정하기 때문이다. 따라서 초신성도 훌륭한 표준 촛불이다.

사울 펄무터가 이끄는 연구진은 42개의 초신성을, 브라이언 슈미트와 애덤 리스가 이끄는 연구진은 16개의 초신성을 추적했다. 이들의 연구결과, 초신성의 최대밝기가 우주팽

창이 일정했을 때와 비교해 약 30% 어둡게 관측되었다(1998
년). 이것은 관측한 초신성이 그만큼 더 멀리 있다는 뜻이다.
거리로 환산하면 이들 초신성은 우주팽창이 일정했을 때와
비교해 15% 더 멀다. 펄무터 연구진은 1997년 정반대의 결
과를 발표한 바가 있었다. 펄무터는 1997년의 결과를 재현하
기 위해 초신성을 다시 연구했으나 반대의 결과를 얻었다. 게
다가 독립적으로 초신성을 추적했던 슈미트–리스 연구진도
같은 결과를 얻었으므로 이 결과는 신빙성이 높았다.

　1998년 이들의 연구결과는 우주팽창이 일정하지 않을 뿐만
아니라 그 정도가 더 빨라진다는 것을 의미한다. 즉, 우리 우
주는 가속팽창을 하고 있다. 우주의 가속팽창은 우리가 보통
알고 있는 물질이나 빛 등으로는 도저히 설명할 수 없다. 물
질이나 빛은 일상적인 에너지를 갖고 있어서 우리가 잘 아는
중력 작용을 한다. 가속팽창은 중력 작용으로는 설명할 수 없
는 현상이다. 보통의 물질이나 빛과는 전혀 차원이 다른 새로
운 뭔가가 우리 우주에 널려 있다는 결론을 피할 수 없다. 이
것을 '암흑에너지Dark Energy'라고 부른다. 이름이 암흑인 이유는
그 정체를 잘 모르기 때문이다. Planck의 관측결과에 따르면 암
흑에너지는 우주 전체 에너지의 약 69%나 차지하고 있다.

기억력이 좋은 독자라면 중력과 반대되는 효과를 내는 뭔가가 지금쯤 머릿속을 맴돌고 있을 것이다. 아인슈타인이 정적인 우주를 만들기 위해 도입한 우주상수 말이다. 우주상수의 역할은 정확하게 우주를 가속팽창 시키는 것이다. **그렇다면 정말로 우주상수가 암흑에너지일까?** 여러 가지 변수를 바꿔가며 데이터를 분석한 결과, 우주상수가 가속팽창의 결과를 아주 잘 설명하는 것으로 드러났다! 이 결과를 전해 들었다면 스타일을 한 번 구겼던 아인슈타인이 무덤에서라도 기뻐하지 않을까 싶다. 하지만 아직 암흑에너지가 우주상수라고 확증할 수는 없다. 암흑에너지가 우주상수인지 알아보려면 무엇보다 암흑에너지가 시간에 따라 변하지 않는지 여부를 알아봐야 한다. 우주상수는 진공의 공간 자체가 가지는 에너지 밀도여서 언제나 일정한 값을 가진다. 만약 암흑에너지가 시간에 무관한 값을 가진다면 우주상수의 지위는 훨씬 더 확고해질 것이다.

우주상수가 가속팽창을 아주 잘 설명하기는 하지만, 그 수치는 대단히 작은 값이다. 양자역학적인 논리로 자연스럽게 추론할 수 있는 값보다 무려 10^{124}배 정도 작다. 우주상수가 왜 이렇게 작을까 하는 문제를 우주상수 문제라고 부른다. 과학자들은 우주상수 문제에 우리가 아직 모르는 자연의 비밀이 숨어 있을 것으로 생각하고 이 문제를 해결하기 위해 많은 노력을 기울여왔다. 최근에는 다중우주의 관점에서, 우주상수 값이 작은 것은 마치 지구-태양의 거리가 우연히 1억 5,000만 킬로미터인 것처럼 우주 역사의 우연일지도 모른다는 주장도 나오고 있다.

우리 우주에는 암흑에너지 말고도 신기한 녀석이 하나 더 있다. 양성자나 중성자처럼 보통 우리가 잘 아는 물질과 마찬가지로 중력 작용을 하기는 하는데, 그 정체를 알 수 없는 물질이 우리 우주에 굉장히 많다. 이것을 '암흑물질$_{Dark\ Matter}$'이라고 부른다. 암흑물질은 빛을 내지 않아서 광학적으로나 전자기적으로 확인할 길이 없다. 다만 반중력의 효과를 내는 암흑에너지와는 달리 암흑물질은 어쨌든 '물질$_{matter}$'이어서 중력 작용을 한다. 중력렌즈효과를 이용하면 암흑물질이 어디에 얼마나 분포해 있는지를 간접적으로 알 수 있다.

Planck의 2013년 결과를 보면 암흑물질은 우리 우주의 에너지 밀도 중 26%를 차지한다. 양성자, 중성자 같은 물질은 겨우 5% 정도밖에 안 된다. 그러니까 우리 우주는 온통 암흑천지인 셈이다. 세상에, 우주의 95%를 모르고 있다니. 기껏 첨단위성을 띄워서 정밀과학의 시대로 들어갔다고 하더니 겨우 밝혀낸 것이 95%를 모른다는 것이다. 어떤 이는 이런 현실을 비웃듯 지금 우주론이 '정밀한 무지$_{\text{precision ignorance}}$'의 시대로 접어들었다고 비꼬았다.

그러나 과학을 한다는 것은 무엇을 모르는지조차 정량적으로 규정하는 작업이다. 미국의 부시행정부 시절 국방부장관을 지냈던 도널드 럼스펠드는 '알려진 지식$_{\text{known knowns}}$'과 '알려진 미지$_{\text{known unknowns}}$', 그리고 '알려지지 않은 미지$_{\text{unknown unknowns}}$'를 구분한다. 알려지지 않은 미지란, 우리가 뭔가를 모른다는 사실조차도 모르는 것들이다. 적어도 우리는 우리가 무엇을 모르는지는 아주 높은 정밀도로 잘 알고 있다. 암흑물질과 암흑에너지는 그래서 알려진 미지에 속한다. 무엇을 모르는지 잘 알기 때문에 이 문제를 해결할 가능성이라도 존재하는 것이다.

2014년 과학계의 핫이슈는 중력파 검출이었다. 남극의 전파망원경 BICEP$_{\text{Background Imaging of Cosmic Extragalactic Polarization}}$ 연구진은 3월 17일 태초의 중력파를 검출했다고 주장했다. 이 신호는 우주배경복사를 분석한 결과였다. 태초의 중력파는 급팽창$_{\text{inflation}}$이라는 과정에서 생겨날 수 있다. 급팽창이란 빅뱅 직후 대략 10^{-36}초 정도의 시기에 우주가 급속한 가속팽창을 통해 엄청난 크기로 뻥튀기를 했던 과정을 말한다. 매우 짧은 시간 동안 우주는 급팽창을 겪으면서 순식간에 10^{26}배 정도 커졌다.

급팽창은 중력파를 동반한다. 중력파가 생기면 시공간에 영향을 미치고, 그 시공간을 따라 흘러가는 우주배경복사에 독특한 흔적을 남긴다. 빛은 앞서 말했듯이 기본적으로 전자기장의 파동이다. 이때 전기장이나 자기장이 한쪽 방향으로 쏠리며 진동하는 현상을 편광이라 부른다. 중력파의 영향 때문에 우주배경복사는 방사형의 편광과 소용돌이형의 편광을 함께 가질 수 있다. 여기서 특히 소용돌이형 편광은 중력파의 고유한 성질이다. BICEP이 관측한 것은 우주배경복사의 소용돌이형 편광이었다. 또한 BICEP은 중력파의 세기가 상당히 강력하다고 발표했다. 이 결과는 2013년 Planck의 결과와 배치되는 경향이 있다. Planck는 중력파의 신호를 보지 못해 그 상한선만 제시했을 뿐인데, BICEP의 결과보다 거의 절반 가까이 작다.

Planck의 새로운 관측결과 발표가 임박한 가운데, 2014년

9월 Planck가 중간결과를 발표했다. 요점만 말하자면 우주의 먼지 때문에 똑같은 소용돌이 모양의 편광이 생길 수도 있다는 내용이었다. 중간결과이기는 하지만 Planck는 여전히 BICEP과는 맞지 않는 결과를 내고 있는 듯하다. 역시나 우주는 까칠하다.

아직 우주에 대해 모르는 것이 훨씬 더 많지만, 그래도 겨우 100년 사이 이렇게 많이 알게 된 것이 오히려 기특한 일인지도 모르겠다. 138억 년 우주의 나이를 1년으로 환산해서 1월 1일 0시를 빅뱅이라 하고 12월 31일 24시를 현재라고 했을 때 우주의 중요한 이벤트를 달력처럼 표시한 것을 우주달력이라고 한다. 우주달력에서는 우주배경복사가 1월 1일 02:30에 빠져나왔다. 우리 은하수 은하는 5월 1일 태어났고 태양은 8월 31일, 지구는 9월 14일 태어났다. 공룡시대가 개막한 것은 즐거운 크리스마스였다. 내 생일이기도 한 12월 31일 06:05에 유인원이 출현했고 23:00에 구석기시대가 시작되었다. 현생인류가 출현한 것은 23:52, 동굴에 벽화를 남긴 것이 23:59:00이고, 이집트 고대왕조가 출현한 것이 23:59:48이다. 마지막 10초 동안에 참 많은 일들이 일어났다. 23:59:53

에 트로이 전쟁, 55초 석가모니 탄생, 56초 예수 탄생, 57초 마호메트 탄생이 있었고, 로마제국은 58초에 멸망했다. 중세의 암흑이 걷히고 르네상스가 열린 것이 59초였다. 갈릴레오가 망원경을 들고 하늘을 바라본 것은 그보다 대략 200년 정도 뒤의 일이다. 현대적인 우주론이 나오려면 다시 300년을 더 기다려야 한다. 이렇게 따지고 보면 호킹이 했던 말이 참으로 가슴에 와 닿는다.

> "우리는 기껏해야 아주 평범한 별에 속한 보잘것없는 행성의 고등한 원숭이 종족에 지나지 않는다. 그러나 우리는 우주를 이해할 수 있다. 덕분에 우리는 꽤나 특별한 존재이다."

덧차원

성냥개비 퍼즐을 좋아하는 사람이라면 "성냥개비 6개로 4개
의 정삼각형을 만들라"라는 문제를 아마도 잘 알 것이다. 성
냥개비 6개로 6개의 정삼각형을 만드는 것은 쉽다. 3개로 정
삼각형을 만들고 다시 3개로 뒤집어진 정삼각형을 만들어서
그 둘을 포개면 6개의 정삼각형이 생긴다. 정삼각형 4개는 생
각보다 쉽지 않다. 이 문제를 해결하는 묘수는 차원을 하나
높이는 것이다. 다들 잘 알겠지만 성냥개비 3개로 정삼각형
을 만든 뒤 나머지 3개를 피라미드처럼 3차원 공간에 세워 정
사면체를 만들면 된다. 내가 처음 이 문제의 정답을 봤을 때,
나는 그 풀이가 일종의 사기라고 생각했다. 대부분의 성냥개

비 퍼즐은 2차원 평면에서 해결하라는 문제이다. 그래서 성냥개비 퍼즐 하면 암묵적으로 2차원 평면에서 해결책을 찾게 된다. 하지만 특별히 2차원에서만 해결하라는 명시적인 지시사항이 없다면 3차원을 이용하든 말든 그것이 무슨 상관이랴.

이 퍼즐이 주는 교훈 중 하나는 고정관념을 깨라는 것이다. 남들처럼 2차원 평면에만 갇혀 있어서는 창의적인 생각을 할 수 없다(사실 이런 투의 말은 하나 마나 한 소리에 가깝다). 물리학자로서 이 퍼즐의 또 다른 교훈을 꼽으라면, 차원을 높였을 때 문제가 쉽게 해결될 수 있다는 사실이다. 〈인터스텔라〉와 비슷한 분위기의 영화 〈콘택트〉에서도 고차원의 위력을 느낄 수 있다. 외계인이 보낸 신호를 2차원적으로만 해석을 하려다 한계에 다다르자 3차원으로 배열해서 암호를 해독하는 장면이 나온다.

물리학의 역사에서도 차원은 해묵은 문제를 해결하는 돌파구로서의 역할을 한 경우가 꽤 있다. 아인슈타인과 동시대를 살았던 테오도르 칼루자와 오스카 클라인은 각각 5차원의 시공간 속에서 전자기력과 중력을 통합하는 이론을 발표했다. 우리가 살고 있는 4차원 시공간은 1차원의 시간과 3차원의 공간으로 이루어져 있다. 칼루자와 클라인은 여기에 새로운 공간차원을 하나 더 도입했다. 이처럼 4차원 시공간에 덧붙여 더해진 새로운 차원을 '덧차원extra dimension'이라고 부른다. 칼루자—클라인 이론은 덧차원을 도입해서 물리를 기술하는 한 전형을 보여줬다는 점에서 높이 평가할 만하다.

덧차원이 새롭게 각광을 받기 시작한 것은 끈 이론 덕분이었다. **끈 이론은 세상 만물이 근본적으로 1차원적인 구조물(끈)로 만들어졌다는 이론이다.** 반면 전통적인 과학이론은 세상 만물이 부피나 크기가 전혀 없는 점입자point particle로 만들어졌다고 가정한다. 뉴턴 역학은 물론, 현대화된 양자이론인 양자장론quantum field theory도 점입자에 대한 이론이다. 끈 이론은 끈에 대한 양자이론이고 양자장론은 점입자에 대한 양자이론이다. 끈 이론에서는 끈이 세상 만물을 구성하는 최소 단위이기 때문에 끈 이하의 단위에 뭔가가 존재하지 않는다. 양자장론에서는 크기가 없는 점입자가 최소단위이므로 자연의 최소길이라는 개념이 없다. 이런 면에서 끈 이론과 양자장론은 패러다임이 다른 이론이다. 끈 이론에서는 전자나 양성자, 중성미자 등 우리가 지금 알고 있는 모든 입자들을 끈의 다양한 진동상태로 간주한다.

그런데 끈에 대한 양자이론을 전개하다 보면 물리적으로 의미가 없는 결과들이 나오곤 한다. 질량이 허수로 나오거나 확률이 음수가 되는 그런 경우들이 생긴다. 이런 문제들을 해결하기 위해 과학자들이 고안한 방법은 시공간의 차원의 숫자를 자유변수로 놓고 계산을 다시 하는 것이다. 그 결과 문제가 되는 변칙항들은 시공간이 특정한 값을 가질 때 모두 사라지는 것을 보일 수 있다. 그 특정한 값이 바로 10이다 (이것은 초대칭성이 있는 초끈이론에서의 결과이다). 마치 성냥개비를 새로운 차원으로 세워 올리면 퍼즐이 풀리듯이, 새로운 차원을 여럿 도입하면 자체 모순이 없이 일관된 끈 이론을 만들 수 있다. 이 결과를 다시 말하자면, 끈 이론이 수학적으로 물리학적으로 일관된 이론이 되려면 시공간이 10차원이어야 한다는 것이다. 우리가 일상에서 경험하는 시공간은 4차원이니까, 끈 이론이 맞는다면 우리 우주에는 6개의 덧차원이 있어야만 한다.

정말로 6개의 덧차원이 있다면 왜 우리는 4차원 시공간만을 느끼는 것일까? 방법이 전혀 없는 것은 아니다. 퍼즐의 도구로 사용했던 성냥개비에서도 우리는 가능성을 엿볼 수 있다. 멀리서 보면 성냥개비는 아주 가느다란 1차원 막대에 불과하다. 대부분의 성냥개비 퍼즐에서는 성냥개비가 그저 길이가 일정하게 똑같은 1차원 선분으로서의 역할만 수행할 뿐이다. 그러나 우리가 가까이서 성냥개비를 자세히 들여다보면 멀리서는 잘 보이지 않던 새로운 차원이 2개나 더 보인다. 성냥개비는 두께도 있고 폭도 있다. 이 성질을 이용한 성냥개비 퍼즐도 있다. 성냥개비 4개로 밭 전(田) 자를 만들라는 것이다. 성냥개비를 1차원 선분으로만 생각해서는 이 문제를 풀기가 무척 어렵다. 밭 전(田) 자를 만들기 위해서는 성냥개비의 작은 두 차원을 이용해야 한다. 성냥개비를 2개씩 짝지어 2층으로 장작처럼 쌓아 올리면 그 끝부분은 정사각형 넷이 모여 큰 정사각형을 만든 것과 같다. 밭 전(田) 자가 만들어진 것이다.

　우리가 살고 있는 시공간도 사실은 성냥개비와 같지 않을까? 만약에 6개의 덧차원이 아주 미시적인 세계에 돌돌 말려 있다면 우리는 그 존재를 전혀 모를 수도 있다. 일찍이 오스카 클라인은 1926년 자신의 5차원 이론에서 다섯 번째 차원이 아주 작은 고리 모양으로 존재할 것이라고 주장했다. 그 크기는 10^{-30}센티미터이다. 끈 이론 학자들도 나머지 6차원

- 성냥개비 퍼즐과 덧차원 -

멀리서 보면 성냥개비는
1차원이다.

그러나 가까이 보면 3차원이다.

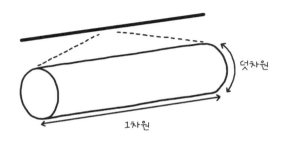

<덧차원의 기본 아이디어>

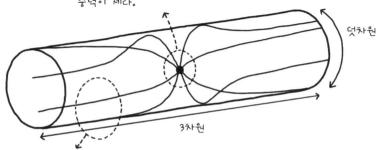

좁은 영역에서는 중력선이 촘촘하므로
중력이 세다.

넓은 영역에서는 중력선이
듬성듬성하므로 중력이 약하다.

<덧차원이 있을 때의 중력>

을 구겨 넣기 위해 갖가지 방법을 동원했다. 이런 과정을 조밀화compactification라고 부른다. 여러 가지 방법을 시도해본 결과, 칼라비-야우 다양체라는 수학적 구조물이 가장 현실적으로 그럴듯한 결과를 내는 것으로 알려졌다(1985년).

정말로 끈 이론이 옳은 이론인지 아닌지는 잘 모른다. 지금으로서는 끈 이론을 직접적으로 검증할 수 있는 수단이 없다. 끈 이론의 끈은 너무나 짧아 직접 보기가 쉽지 않다. 아마 클라인의 5차원 크기보다도 더 짧을 것이다. 짧은 영역을 탐색하려면 큰 에너지가 필요하다. 해상도를 높여야 하기 때문이다. 지금 우리가 갖고 있는 가속기 기술로는 어림도 없다. 탐색할 수 있는 길이단위가 대략 1경 배 정도 차이나기 때문이다. 지금 가속기보다 1경 배 큰 가속기라면 그 크기가 대략 우리 은하의 10% 정도 된다. 만약에 덧차원이 6개 더 있다고 어떤 형태로든 확인이 된다면, 그렇다면 끈 이론이 정말로 옳을지도 모른다는 강력한 증거가 될 것이다.

덧차원에 대한 관심이 다시 폭발적으로 증가한 것은 끈 이론과는 상관없는 좀 다른 이유 때문이었다. 과학자들은 참 쓸데없는 고민을 많이 하는 사람들이다. **그 쓸데없는 고민 가운**

데 하나가 중력은 왜 그렇게 약한가 하는 문제였다. 중력 말고 우리가 일상에서 흔히 접하는 자연의 기본 힘은 전자기력이다. 20세기 이후 원자핵 이하의 세계를 탐색하면서 아원자의 세계에서 작동하는 강한 핵력과 약한 핵력도 자연의 기본 힘으로 존재함을 알게 되었다. 강한 핵력은 양성자나 중성자를 원자핵으로 강하게 묶어두는 힘으로서, 원자핵 속의 양성자의 전기적 반발력을 이겨야 하므로 전자기력보다 훨씬 강하다. 약한 핵력은 입자의 종류를 바꾸는 힘으로서 태양이 핵융합반응을 통해 빛을 내는 데에 큰 역할을 한다.

전자기력에 비해 중력이 얼마나 약한지는 쉽게 추론할 수 있다. 지구는 땅덩어리 전체가 우리 인간을 지구중심으로 당기고 있지만 우리는 손쉽게 다리 근육을 이용해서 편히 걸어다닌다. 근육을 움직이는 것은 기본적으로 전자기력이다. 만약에 중력이 아주 강력하다면 사람들 사이의 중력 때문에 사람들끼리 계속 끌어당겨 뭉쳐 다니거나 지구-태양처럼 빙빙 주위를 맴돌거나 해야 할 것이다. 현실에서 그런 일은 일어나지 않는다. 간단한 마찰력만으로도 사람들의 중력 뭉침을 막을 수 있다. 3장에서 이미 말했듯이 중력은 전자기력보다 대략 10^{40}배 정도 작다. 이 정도 숫자는 물리학을 직업으로 삼고 있는 나도 직관적으로 상상이 잘 되지 않는다. 약력이나 강력이 전자기력보다 다소 약하거나 강하다지만 이렇게 큰 차이를 보이지는 않는다.

  중력이 약하거나 말거나 그것이 우리하고 무슨 상관이란 말인가? 중력이 약하다는 말은 중력이 다른 힘들만큼이나 강해지려면 엄청나게 무거운 질량(또는 에너지)이 필요하다는 뜻이다. 이 질량을 플랑크 질량(또는 플랑크 에너지)이라 하는데, 양성자 질량보다 약 10^{19}배 무겁다. 플랑크 에너지를 넘어선 영역에서 구체적으로 어떤 일이 벌어질 것인지는 아직 잘 모른다. 이 영역을 양자중력의 영역이라고 한다.

  가령 양성자가 갑자기 플랑크 질량만큼 무거워졌다면 양성자의 운동을 기술할 때 전자기력이나 핵력뿐만 아니라 중력도 굉장히 중요한 역할을 할 것이다. 즉, 미시세계에서 중력을 다뤄야만 한다. 미시세계는 양자역학이 지배하는 세상이므로 이 세상에서의 중력을 양자중력이라고 부른다. 아직까지 우리는 양자중력이 어떤 모습일지 잘 모른다. 양자역학은 잘 알고 중력도 일반상대성이론을 통해 잘 알지만, 양자역학적인 중력은 잘 모른다. 끈 이론이 각광을 받는 이유는, 끈 이

론이 기본적으로 양자이론임에도 불구하고 그 속에 중력의
요소를 갖고 있기 때문이다.

이런 이유로 플랑크 에너지 영역을 넘어서려면 양자중력에
대한 이해가 필수적이다. 쿠퍼와 타스가 블랙홀 안에서 얻고
자 했던 정보가 바로 양자중력에 관한 정보이다. 블랙홀 내부
는 좁은 공간에 중력이 집중된 천체이므로 양자중력의 정보
를 간직하고 있을 것이다. 그러나 어쨌든 플랑크 에너지 이하
에서는 지금 우리가 보는 대로 중력이 굉장히 약한 세상이 펼
쳐져 있다. 그래서 뭔가 의미 있는 계산을 하려고 했을 때 양
성자 질량에서부터 플랑크 질량까지 그 엄청난 스케일의 차
이를 그대로 반영할 수밖에 없다.

문제가 생기기 시작한 것은 지난 2012년 유럽원자핵연구소
CERN의 대형강입자충돌기Large Hadron Collider, LHC에서 발견한 힉
스 입자라고 하는 소립자 때문이다. 힉스 입자가 예견된 것은
1964년의 일이다. 영국의 피터 힉스, 그리고 벨기에의 프랑
수아 앙글러 및 로베르 브라우가 거의 동시에 독립적으로 제
안했다. 2012년 힉스로 추정되는(원래 예견한 입자의 성질과 아
주 비슷하지만 계속해서 검증작업이 진행 중이다) 입자가 발견되

자 이듬해에 힉스와 앙글러가 그 공로로 노벨상을 수상했다. 브라우는 2011년에 사망했다. 힉스 입자가 문제가 된 것은 그 독특한 성질 때문이다. 모든 소립자는 미시세계에서의 양자역학적인 효과의 영향을 받는다. 그 결과 우리가 거시세계에서 잘 아는 물리량들이 양자역학적인 보정에 의한 조정을 받게 된다. 대표적인 물리량이 질량이다. 소립자의 질량에 양자보정을 할 때는 모든 에너지 영역에서 기여하는 바를 다 고려해야 하기 때문에, 지금 우리가 알고 있는 수준에서는 적어도 플랑크 에너지까지는 계산에 반영해야만 한다.

2012년 발견된 힉스 입자의 질량은 양성자 질량의 약 126배이다. 하지만 양자역학적인 보정에 의한 질량값이 걷잡을 수 없이 커진다. 이는 힉스 입자가 전자나 양성자와 다른 독특한 성질을 갖고 있기 때문이다. 전자의 질량에 대한 양자보정은 플랑크 에너지의 기여를 고려하더라도 최종적인 결과가 그리 대단하지 못하다. 그러나 힉스 입자는 달라서, 양자보정에 의한 효과가 계산에 고려한 에너지에 비례한다. 그러니까 양성자 질량의 100배 정도 되는 힉스 입자를 만들기 위해서 양성자 질량의 10^{19}배나 되는 질량까지 함께 고려를 해야 한다. 좀 더 엄밀하게 말해서 양자보정은 질량을 제곱한 값에

영향을 미친다. 따라서 힉스 입자의 경우

$$\left(\frac{\text{양성자 질량의 } 10^{19}\text{배}}{\text{양성자 질량의 } 100\text{배}}\right)^2 = (10^{17})^2 = 10^{34}$$

정도의 조정을 받게 되는 셈이다. 양자역학이 어떤 신묘한 묘기를 부리는지 알 길은 없으나, 힉스 입자의 질량을 만들기 위해 1 뒤에 0이 34개나 붙을 정도의 정밀도로 미세조정을 했을 것이라고 믿기는 어렵다. 이것을 미세조정의 문제, 또는 소립자의 위계문제hierarchy problem라고 부른다.

어쩌면 참 쓸데없어 보이는 이 문제를 해결하기 위해 지난 수십 년 동안 과학자들은 기발한 방법들을 고안해냈고, 그 과정에서 물리학이 엄청나게 발전하기도 했다. 힉스 입자 질량이 미세조정을 받게 된 근본적인 이유는 플랑크 에너지가 너무나 크기 때문이며, 이를 다시 중력의 입장에서 말하자면 중력이 다른 힘들에 비해 너무나 약하기 때문이다.

초신성 연구로 우주의 가속팽창을 알게 된 1998년, 니마 아카니-하메드, 사바스 디모포울로스, 가이아 드발리(이들 성의 머리글자를 따서 ADD라고 부른다)는 아주 단순한 덧차원을 도입하면 위계문제가 쉽게 해결된다고 주장했다. 정성적으로 말하자면 이렇다. 덧차원까지 포함한 전체 시공간에서는 원래 중력이 약하지 않았다. 하지만 중력이 덧차원으로 빠져나갔기 때문에 우리가 살고 있는 4차원 시공간에서는 중력이 약해졌다는 것이다. 다르게 표현하자면 중력의 효과를 덧차원이라는 공간요소가 흡수해버린 것과도 같다.

ADD에 따르면 덧차원의 개수는 둘 이상이 가능하다. 특히 덧차원이 둘 있는 경우, 뉴턴의 만유인력의 법칙이 밀리미터 단위 이하에서는 거리의 역제곱으로 작용하는 것이 아니라 약간의 조정을 받게 될 것이라고 예측했다. 당시로서는 만유인력의 역제곱의 법칙을 밀리미터 이하에서 직접 검증한 적이 없었다. 이후 실험에서 역제곱의 법칙은 밀리미터 정도의 수준에서도 여전히 성립함을 확인하게 되어 덧차원의 개수가 둘인 시나리오는 거의 기각되었다.

이듬해인 1999년 리사 랜들과 라만 선드럼은 새로운 5차원 모형(이들 성의 머리글자를 따서 RS 모형이라 부른다)을 들고 나왔다. RS 모형에서는 5차원이 위치에 따라 기하급수적으로 굽어 있는 모양이다. 이렇게 되면 덧차원을 따라 중력의 세기도 급격하게 변하게 되고 결과적으로 우리가 사는 4차원 시공간에서는 지금처럼 중력이 아주 약해진다. ADD 모형에서는 덧차원의 공간효과가 왜 그렇게 크게 작용하는지를 설명하다 보면 새로운 미세조정의 문제가 생긴다. 즉, ADD 모형은 미세조정의 문제를 다른 식으로 전가해버린 것과도 같다. RS 모형에서는 이런 문제가 생기지 않는다. 이는 5차원의 구조가 기하급수적으로 굽어 있기 때문에 가능하다. 5차원에서는 약간만 움직여도 중력의 변화가 기하급수적으로 달라지기 때문에, 우리가 사는 세상에서 약한 중력을 만들기 위해 큰 무리를 할 필요가 없다.

  랜들은 RS 모형을 발표한 뒤 일약 학계의 신데렐라로 떠올랐다. 고등학교 때는 과학영재대회에서 우승을 하기도 했었다. 하버드대학교를 졸업한 뒤에 MIT에서 조교수를 했고 프린스턴대학교 물리학과에서 그 학과 최초로 여성 종신교수직에 올랐다. RS 모형을 발표한 뒤에는 하버드대학교로 자리를 옮겼는데, 하버드 이론물리학 분야 최초의 여성 종신교수이다. 국내에는 『숨겨진 우주』, 『이것이 힉스다』 등의 저자로도 알려져 있다.

- ADD모형과 RS모형 -

ADD= (Flat) Lage Extra Dimension (LED)

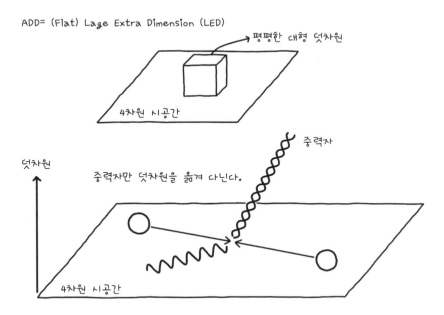

평평한 대형 덧차원

4차원 시공간

덧차원

중력자

중력자만 덧차원을 옮겨 다닌다.

4차원 시공간

RS (Randall-Sundrum) 모형

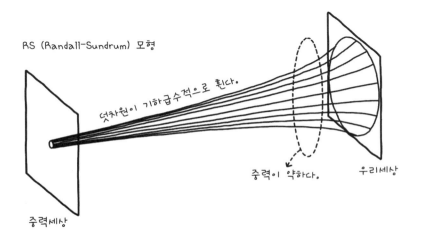

덧차원이 기하급수적으로 휜다.

중력이 약하다.

우리세상

중력세상

1998, 1999년 이후 학계에서는 다양한 형태의 덧차원 이론들이 쏟아졌다. 그중에는 중력뿐만 아니라 전자나 빛 같은 보통의 입자들도 덧차원 속을 활보하고 다닐 수 있다는 모형들도 있다. 이런 모형을 보편 덧차원Universall Extra Dimension, UED 모형이라고 부른다. 하지만 어쨌든 중력은 꼭 덧차원 속을 돌아다닐 수 있어야만 한다. 그래야 위계문제를 해결할 수 있기 때문이다. 〈인터스텔라〉에서 오로지 중력만이 덧차원 속으로 돌아다닐 수 있다고 말하는 것은 이런 맥락을 반영한 표현이다. 이 말만 들었다면, 보편 덧차원 모형을 연구하는 사람들은 꽤나 실망스러웠을 것이다. 하지만 쿠퍼가 블랙홀에 빠졌다가 덧차원으로 흘러들어 고군분투하는 모습을 보고는 무척 흡족해했을 것 같다.

CERN의 LHC에서는 덧차원의 존재 여부를 확인하는 실험도 진행 중이다. 아직은 이렇다 할 신호가 없어서 덧차원이 존재할 수 있는 가능성은 조금씩 줄어들고 있는 실정이다. LHC는 지금 성능향상을 위해 가동중지에 들어갔다가 2015년 봄부터 보다 높은 에너지로 실험을 재개할 예정이다. 물론 덧차원을 탐색하는 작업도 계속 수행될 것이다. 만약 덧차원의 존재가 실험적으로 확인된다면, 내 생각에 이는 지금까지의 모든 과학적 발견 중에서 가장 위대한 발견 랭킹의 최상위권에 들지 않을까 싶다. 우리가 살고 있는 공간이 전부가 아니었다니! 이 얼마나 놀랍고도 신비한 일인가.

  덧차원까지 포함하는 전체 시공간에서 중력이 전자기력이나 다른 핵력들만큼이나 강력할 수 있다면, 한 가지 흥미로운 상상을 할 수 있다. 중력이 가장 강한 천체는 블랙홀이다. 우리 우주에서는 블랙홀을 만들기가 쉽지 않다. 지구를 9밀리미터로, 태양을 3킬로미터로 압축해야 가능하다. 블랙홀을 만들기가 이렇게 어려운 이유는 우리 우주에서 중력이 약하기 때문이다. 중력이 약하다는 것은 만유인력의 법칙에 등장하는 뉴턴의 중력상수 값이 굉장히 작다는 말과도 같다. 그런데 만약에 덧차원을 포함한 전체 시공간에서 중력이 더 이상 약하지 않다면, 그런 시공간에서는 블랙홀을 만들기가 상대적으로 쉽지 않을까?
  과학자들은 이 가능성을 타진하기 시작했고, 덧차원이 있을 때 LHC 같은 입자가속기에서도 블랙홀을 만들 수 있다고 결론지었다. 이때 만들어지는 블랙홀은 그 크기가 대단히 작기 때문에(대개는 원자보다 더 작다) 미니 블랙홀(또는 마이크로 블랙홀)이라고 부른다. 미니 블랙홀은 말 그대로 소립자 세계에서 만든 블랙홀이므로 양자중력이 제대로 작동하는 물건이다. 앞서 말했듯이 아직 우리는 양자중력의 본 모습을 알지 못한다. 그래서 미니 블랙홀을 지금의 수준에서 이론적으로 추정하는 데에는 한계와 제약이 따를 수밖에 없다. 그런 한계를 인정하고서라도 지금의 수준에서 할 수 있는 예측을 최대한으로 해보는 것도 흥미로운 일이기는 하다.

블랙홀은 온통 검은데, 가속기에서 어떻게 검출할 수 있을까? 여기서 우리는 호킹에게 신세를 져야 한다. 호킹이 옳다면 미니 블랙홀도 호킹복사를 할 것이다. 호킹복사는 블랙홀이 그냥 입자를 방사상으로 쏟아내는 현상이므로 가속기에서 그 흔적을 찾을 수 있다.

LHC에서는 물론 미니 블랙홀을 찾는 탐색도 수행했다. 만약에 미니 블랙홀의 신호를 발견했다면, 이것은 덧차원과 블랙홀과 호킹복사를 동시에 발견한 것이므로 노벨상으로 치자면 최소한 3개 정도의 가치가 있는 발견이 되지 않을까 싶다. 아쉽게도 아직까지 LHC에서는 미니 블랙홀로 의심할 만한 그 어떤 신호도 나오지 않았다. 그에 따라 덧차원 모형들과 마찬가지로 미니 블랙홀이 존재할 수 있는 가능성도 계속 줄어들고 있다.

LHC에서 미니 블랙홀이 만들어질 수도 있다는 이야기가 흘러나오면서 갖가지 소동이 벌어지기도 했다. LHC는 2008년 9월 10일 공식 가동을 시작했다. 일부 사람들은 LHC가 가동하기 시작하면 블랙홀이 만들어져 지구를 집어삼킬지도 모른다며 유럽인권재판소에 LHC 가동중지 소송을 제기했다. 미국의 호놀룰루 연방지법에도 비슷한 소송이 접수되었다. 인도에서는 16세의 소녀가 지구가 멸망할지도 모른다며 자살하기도 했고, LHC가 공식 가동되던 바로 그날, 한국에서는 '스위스 블랙홀'이라는 단어가 인터넷 포털 검색어 1위에 오르기도 했다.

LHC는 양성자 빔 두 가닥을 고에너지로 가속시켜 충돌실험을 하는 장치이다. 하지만 공식 가동을 하던 날에는 가속기가 제대로 작동하는지를 점검하기 위해 한 방향으로 양성자 빔을 한 번 돌려보는 시운전을 했을 뿐이었다. 따라서 양성자 충돌실험이 있었을 리가 없다. 설령 충돌실험으로 블랙홀이 만들어지더라도, 적어도 그날 지구가 멸망할 일은 없었던 것이다. LHC 실험의 안전성에 대한 평가 보고는 2003년부터 나오고 있었다. 존 엘리스 등 CERN 최고의 과학자들이 포함된 LHC 안전성평가단이 2008년 8월에 작성한 논문에서는 LHC의 안전성을 따져보기 위해 우주에서 날아오는 고에너지의 우주선$_{cosmic\ ray}$과 LHC 실험을 비교하고 있다. 그 핵심 논리는 이렇다.

LHC에서는 양성자들이 매초 10억 번 충돌한다. 만약 LHC를 10년 동안 가동한다면 가동 기간 동안 양성자들이 충돌하는 총 횟수는 약 3×10^{17}번 정도 된다. 한편 LHC에서 충돌실험을 하는 에너지보다 더 높은 고에너지의 우주선은 지구 주변에서 매초 1제곱센티미터당 약 100조 분의 5회 충돌한다. 이 숫자에 지구 표면적을 곱하고 지구의 나이(45억 년)를 곱하면 지구가 태어난 이래 LHC보다 더 높은 에너지를 가진 우주선이 지구와 충돌한 횟수가 나온다. 그 값은 대략 3×10^{22}번이다. 이 숫자는 LHC에서 10년 동안 양성자가 충돌하는 횟수보다 10만(10^5) 배 더 많다.

태양 같은 별에 대해서는 어떨까? 태양은 지구보다 약 100배 크다. 표면적은 크기의 제곱에 비례하므로 표면적은 1만배 더 크다. 우리 은하에는 태양과 비슷한 별이 약 1,000억 개가 있고, 우주 전체적으로는 또 약 1,000억 개의 은하가 있다.

그렇다면 지구가 태어난 이래 우주에서 고에너지 우주선이 태양 크기의 별과 충돌한 횟수는 LHC에서 10년 동안 양성자가 충돌한 횟수보다 대략

$$10^5 \times 10^4 \times 10^{11} \times 10^{11} = 10^{31}$$

배 더 많다. 지구의 나이를 초로 환산해서 계산하면 우리 우주는 10년 치의 LHC 실험을 매초 약 30조 번 하고 있는 셈이다. 그럼에도 불구하고 지구나 태양이나 주변의 별과 은하는 다들 멀쩡하다. 그렇다면 LHC 실험을 한 10년 한다고 해서 특별히 위험이 더 커지지는 않을 것이다. 미니 블랙홀의 경우 그 크기도 원자에 비해 대단히 작은 데다, 대개 그 수명이 10^{-26}초 정도로 굉장히 짧아서 주변에 큰 위협을 주기가 쉽지 않다.

LHC 안전성평가단의 논리가 그럴듯하기는 하지만 CERN 소속의 많은 과학자가 포함된 이런 결과를 어떻게 받아들일 것인가는 사실 또 다른 문제이다. 어차피 같은 식구들이니까 그 결과를 어떻게 믿을 수 있는가 하는 문제와, 그렇다면 물리학자가 아닌 다른 사람들이 어떻게 전문적인 내용을 평가

할 수 있겠는가 하는 딜레마가 생긴다. 결국에는 그 간격을 좁히는 것이 최선이겠지만 현실에서는 쉽지 않다. 21세기에도 여전히 7세기 신라인들의 문제가 반복될 수도 있는 것이다.

1998년 ADD 이론이 나왔을 때 나는 박사과정 학생이었다. 처음 이 논문을 읽고서 동료와 선후배들 모두, 이제는 과학논문에 SF가 등장하는구나 하고 무척 신기해하며 흥분했던 기억이 아직도 생생하다. 덧차원이 있다? 중력이 그리로 빠져나간다? 이것은 영화에나 나올 법한 이야기가 아닌가. 하지만 ADD나 RS 모형은 위계문제를 해결하는 데에 획기적인 돌파구를 마련했다는 점에서 굉장히 높은 평가를 받고 있다. 2014년 11월 현재 ADD 모형의 첫 논문은 5,300여 회 인용되었고, RS 모형의 첫 논문은 6,400여 회 인용되었다. 노벨상 수상 논문들이 대략 2,000회 정도 인용된다고 하니 이 숫자가 얼마나 높은지 짐작할 수 있을 것이다.

그로부터 15년도 더 지난 지금 실제 가속기에서는 덧차원과 미니 블랙홀을 찾기 위한 탐색이 과학연구의 일환으로 계속되고 있다. **SF가 현실의 문제가 된 것이다.** 2014년 11월 12일, 유럽우주국의 로제타 탐사선이 혜성 탐사로봇 필래를

67P/추류모프–게라시멘코 혜성에 무사히 착륙시켰다. 나는 그 현장을 인터넷 생중계로 지켜보고 있었다. 그때 현장에서 누군가가 이렇게 축사를 했다(누구였는지는 잘 모르겠다).

"공상과학이 오늘 현실과학이 되었다Science Fiction becomes Science Fact Today."

지금 우리는 이미 이런 시대에 살고 있다. 머지않은 미래에는 지상의 가속기에서도 공상과학이 현실과학이 될지도 모른다. 그때쯤이면 사람들이 〈인터스텔라〉를 보면서 "그 시절에는 이런 영화를 보고 SF영화라고 했었다지?" 하면서 아마 다들 크게 웃지 않을까.

〈인터스텔라〉, SF영화의 '인듀어런스호'

10월 말 시사회와 토크쇼가 끝난 뒤 뒤풀이 자리에서는 〈인터스텔라〉의 흥행을 놓고 한판 내기가 벌어졌다. 정재승 교수는 누적관객이 200만 명을 넘지 못할 것이라고 했다. 나와 박순창 대표, 최진영 팀장, 윤성철 교수 등은 최소 300만 명은 넘을 것이라고 했다. 내기 품목은 와인 한 병이었다. 집으로 가는 길에 내기가 진행된 상황을 SNS에 올렸더니 최소 300만 이상을 지지하는 댓글이 많았다. 나도 그랬지만, 어찌되었든 크리스토퍼 놀란의 작품이라면 믿고 보는 사람들이 그 정도는 될 것이라고 생각한 모양이다. 개중에는 1,000만 명을 넘길 것이라는 예측도 있었다. 게시물이 올라간 며칠 뒤

정재승 교수는 댓글을 통해 자신이 200만 명 이하라고 추정한 근거를 이렇게 설명했다.

"작년 이맘때(10월) 개봉한 〈그래비티〉의 흥행 성적은 320만 명. 〈그래비티〉의 상영시간은 〈인터스텔라〉(169분)의 절반, 영화적 재미는 2배 이상. 제가 〈인터스텔라〉는 '200만 이하'(크리스토퍼 놀란의 인지도와 그에 대한 기대감 추가해서)라고 추정한 근거입니다. 이번 흥행이 한국 SF영화 팬덤의 규모(블록버스터 팬이 아닌)를 짐작해볼 수 있는 바로미터가 되겠네요."

들고 보니 나름 설득력이 있는 분석이었다. 나는 이렇게까지 논리적인 분석을 하지는 못했고 그저 놀란 감독의 명성만 믿었을 뿐이다. 이 글을 쓰고 있는 11월 25일 현재 〈인터스텔라〉의 관객은 700만에 약간 못 미친다. **승부는 이미 오래전에 결판이 나 있었다**(정재승 교수에게 위로의 말을 전한다).

11월 6일 공식 개봉 직후부터 흥행열기가 심상치 않더니 11월 중순을 넘어서면서부터는 약간의 신드롬 현상까지 보이기 시작했다. 나는 모 일간지에 〈인터스텔라〉에 나오는 시간지연, 상대성이론, 블랙홀 등에 관한 해설기사를 실었다. 그 기사를 보고 방송국에서 연락이 와 영화 관련 내용으로 인터뷰를 하기도 했었다. 11월 하순으로 접어들면서는 〈인터스텔라〉를 말하지 않는 언론이 없을 정도였다. 어느 주간지에서는 왜 한국에서 〈인터스텔라〉 열풍이 부는지 그 이유를 취재하기도 했었다. 이제는 사람들이 영화를 이해하기 위해 상대성이론을 공부한다는 기사까지 나오는 실정이다. 입자물리학을 연구하는 사람으로서 무척 반갑기도 하고 또 어리둥절하기도 하다.

영화를 본 내 첫 느낌은 약간 시큰둥했다. 영화를 평가하는 내 기준은 물리학자로서의 기준이 아니고 평범한 관객으로서의 기준이다. 이 기준은 〈인터스텔라〉에서도 예외는 아니었다. 영화 관객으로서의 내가 가장 중요하게 생각하는 기준은 영화적 재미이다. 영화는 일단 재미가 있어야 한다. 영화적 재미에도 물론 여러 가지가 있다. 내게 중요한 영화적 재미는 우선 스토리 자체의 재미이다. 거기에 볼거리까지 풍성해서 보는 재미까지 더해진다면 더할 나위가 없다.

내가 〈인터스텔라〉를 보고 시큰둥했던 이유는 그 스토리가 시큰둥했기 때문이다. 스토리에서 개인적으로 가장 중요하게 생각하는 요소는 스토리 전개의 필연성이다. 꼭 그러해야만 하는 이유. 스토리의 필연성을 가장 중요하게 생각하는 것은 아마 물리학자로서 일종의 직업병 때문인지도 모르겠다. 드라마든 영화든 소설이든 나는 언제나 좋은 스토리일수록 좋은 과학이론과 비슷한 면이 많다고 생각한다. 좋은 과학이론에도 여러 기준이 있을 터, 나는 필연성을 가장 중요한 덕목으로 꼽는다.

상대성이론은 필연성을 갖고 있다. 맥스웰 방정식이 우주의 전자기현상을 설명하는 올바른 방정식이라면 그 형태는 좌표계를 어떻게 바꾸어도 변하지 않아야 할 것이다. 머피와 쿠퍼가 전혀 다른 방정식을 써야 한다면 그 방정식은 자연의 근본법칙을 담고 있지 않을 것이다. 이 원리를 지키려면 맥스웰 방정식에서 유도된 전자기파의 속도는 좌표계와 무관한 상수이어야만 할 것이다. 그 대가를 치르기 위해 시간과 공간의 절대적인 지위를 포기하더라도 말이다. 이것이 특수상대성이론이다.

일반상대성이론은 중력이라는 힘이 왜 있어야만 하는지에 대한 단서를 제공한다. 가속운동 하는 좌표계에는 없던 힘이 작용한다. 만약 정지좌표계에서 가속좌표계를 표현하려면 항상 일정한 방향으로 모든 질량에 대해 작용하는 힘이 있어야만 할 것이다. 그것이 바로 중력이다. 관성력과 중력을 이어주는 등가원리는, 따라서 중력의 존재에 대해 새로운 통찰을 열어준다. 등가원리가 상대성이론의 원리와 만나면 일반상대성이론의 중력장 방정식까지 한달음에 내달릴 수 있다. 모든 요소가 모자람이나 남음이 없이 제자리를 차지하고 있다. 상대성이론은 꼭 그러해야만 하는 충분한 이유들을 두루 갖추고 있다.

필연성의 기준에서 보자면 〈인터스텔라〉의 스토리에는 선뜻 마음이 잘 가지 않는다. 스토리를 구성하는 많은 요소들 중에서도 스토리 전체를 가로지르는 핵심적인 긴장관계 속에는 '꼭 그러해야만 하는' 이유가 있어야 한다. 〈인터스텔라〉의 핵심갈등은 행성탐사—플랜B—방정식 풀이이다. 황폐한 지구를 남겨두고 우주로 나가는 문제는 그렇다 하더라도, 여기서 플랜B와 방정식 풀이로 이어지는 과정이 선택의 여지가 없이 꼭 그러해야만 했었는지 적어도 내게는 잘 와 닿지가 않았다. 극적인 긴장감도 함께 떨어졌다. 누구 말마따나 인간의 수정란만 보내는 플랜B는 반생태적이기까지 하다. 나는 브랜든 교수가 왜 그렇게 방정식에 집착하는지, 물리학자로서도 잘 이해가 되지 않았다. 학문적인 이유가 아니라 극적인 스토리 전개상의 이유 말이다. 게다가 애매하게 처리된 '그들'의 존재도 약간 생뚱맞았다.

심형래의 영화 〈디 워〉가 개봉했을 때 전 국민적인 논란이 인 적이 있었다. 스토리의 개연성이나 필연성이 너무 떨어져 영화로서의 작품성이 볼품없다는 주장과, 그럼에도 뛰어난 특수효과와 볼거리, 대담한 시도 등은 평가해줘야 한다는 주장이 맞섰다. 그때 자주 등장했던 말이 "데우스 엑스 마키나"였다. 뜬금없이 나타나서 갑자기 한순간에 모든 문제를 해결해주는 절대적인 존재. 그런 존재가 자주 등장하면 확실히 재미가 떨어진다. 〈인터스텔라〉의 '그들'도 내게는 크게 달라 보이지 않았다.

이처럼 〈인터스텔라〉는 스토리의 짜임새가 촘촘하거나 긴장감의 밀도가 높지는 않았으나 전체적인 구성은 그리 나쁘지 않았다. **기본적으로 모험에 나섰다가 집으로 돌아오는 전형적인 오디세우스적 구도를 충실히 따르고 있고 미국식 프런티어 정신, 모험심, 가족애, 인류애가 적절히 잘 버무려져**

있다. 특히 스토리의 현실성을 높여주는 기제 두 가지가 내 눈에 들어왔다.

하나는 〈인터스텔라〉가 아주 먼 미래의 이야기가 아니라는 점이다. 우주선은 다단로켓으로 우주로 날아가고, 인듀어런스호는 대단히 소박하다. 우주복도 그렇고 우주선 안의 동면 장치, 통신설비, 디스플레이 등이 그리 낯설지가 않다. 그 흔한 초광속 추진장치도 없어서 낡아빠진 중력기동에 기대야 하는 것이 인듀어런스호이다. 〈인터스텔라〉는 손에 잡힐 듯한 미래 이야기이다. 다큐멘터리 같은 냄새도 가끔 난다. 멀지 않은 미래라는 설정은 킵 손의 과학자문이 빛을 발할 수 있는 배경과도 같다. 아주 먼 미래의 초고도로 발달한 문명세계를 그렸다면 굳이 지금 현재의 과학자가 심각하게 이것저것 자문까지 해줄 필요도 없었을 것이다. 멀지 않은 미래와 과학자문은 궁합이 잘 맞았다.

둘째는 〈인터스텔라〉가 적어도 표면적으로는 '실패한 우주탐사'의 이야기라는 점이다. 지구에 남은 사람들을 이주시키는 플랜A는 원래 불가능한 계획이었고, 플랜B도 결과적으로는 성공하지 못했다. 그런데 애초 계획했던 목표를 이루지는 못했으나, 쿠퍼가 블랙홀로 떨어져 그 정보를 머피에게 전해

줌으로써 최종적으로는 성공적인 탐사가 되어버렸다. 표면
적으로만 보자면 쿠퍼 일행의 탐사는 어느 것 하나 처음에 계
획했던 대로 진행되지 못했다. 우리가 실제로 우주로 나가면
그럴 가능성이 훨씬 더 높지 않을까? 그래서인지 나는 실화
를 바탕으로 만들었던 영화 〈아폴로 13〉이 겹쳐 떠올랐다.

영상미의 관점에서 보자면 〈인터스텔라〉는 놀라움과 아쉬
움이 교차한다. 세계적인 중력 전문가인 킵 손 연구진의 결합
으로 부분부분 과학적 사실성을 높인 장면은 탄성을 자아내
기에 충분했다. 특히 웜홀과 블랙홀 등을 그렇게 장대하고도
과학적으로 구현했다는 점은 앞으로의 우주 관련 영화에 하
나의 기준으로 작용할 것 같다.

아쉬움이 남는 이유는 이미 우리가 〈그래비티〉나 놀란 감
독의 전작 〈인셉션〉 영상을 봤기 때문이다. 관객들의 눈높이
는 벌써 높아졌다. 만약 〈인터스텔라〉가 〈그래비티〉나 〈인
셉션〉 전에 나왔다면 정말 획기적이었을 것이다. 하지만 우
리는 이미 바닥이 화면 위까지 솟아오르는 장면에도 익숙해
져 있고, 우주공간을 내장 들리는 기분으로 둥둥 떠다니는 영
상도 맛보았다. 웜홀을 지나거나 블랙홀로 추락할 때 뭔가 플

러스알파가 있어야 하는 것 아니었을까?

그리고 〈인터스텔라〉가 과학자문을 많이 받았다고는 하나, 예컨대 2003년 작 〈니모를 찾아서〉가 과학 고증을 거친 수준을 한번 살펴볼 필요가 있다. 2004년 제76회 아카데미상 장편 애니메이션상 수상에 빛나는 〈니모를 찾아서〉는 해저 생태계를 완벽하게 재현한 것으로 유명하다. 〈인터스텔라〉에 킵 손이 있었다면 〈니모를 찾아서〉에는 해양생물 전문가인 애덤 서머스가 있었다. 서머스는 박사 후 연구원으로 버클리대학교 근처에서 하숙을 했는데, 마침 하숙집 주인이 〈니모를 찾아서〉를 만든 픽사 애니메이션 스튜디오의 미술감독이었다. 서머스는 그 인연으로 이 영화를 자문했다. 서머스는 스튜디오에 임시 연구실까지 차리고 수십 차례에 걸친 강의를 했다. 제작진들도 직접 물고기를 해부하는 등 열과 성을 다했다. 영화가 거의 완성되었을 즈음에는 한 전문가가 산호초에 그려진 해초를 지적하며 찬물에서만 자란다고 하자 그 해초를 모두 지웠다고 한다.

물론 영화는 다큐멘터리가 아니다. 하지만 과학고증을 잘했다는 말을 들으려면 영화 전반에 걸쳐 꼼꼼한 고증을 했어야 하지 않았을까? 예컨대 토성 주변에 웜홀이 생겼다면 태양계 전체의 행성 운동이 영화 속에서처럼 그리 평화롭지만은 않았을 것이다. 킵 손의 자문 덕분에 부분부분 장면들은 과학적으로도 놀랍도록 정확했겠지만 전체적인 수준에서는 의문이 남는다.

일반 관객이 아니라 물리학자로서의 사심을 담아 영화를 본 평가를 하자면, 무엇보다 상대성이론에 의한 시간지연을 굉장히 현실적으로 구현했다는 점을 가장 높이 평가하고 싶다. 먼 우주로 나아가는 여행은 비행기로 날짜변경선을 넘나드는 정도의 시차와는 차원이 다른 시간의 문제와 통신의 문제를 야기할 수밖에 없다. 영화를 본 많은 사람들이 내게 "정말 우주여행을 하고 오면 나이를 덜 먹게 되나요?" 하고 물어보는 것도 〈인터스텔라〉가 이 대목을 가장 사실적이면서도 극적으로 연출했기 때문일 것이다. 덕분에 상대성이론을 공부하는 열풍이 불었다니, 물리학자로서 그렇게 반가울 수가 없다. 물리학자들이 여기저기 강연도 다니고 글도 쓰고 하면서 기초과학이 중요하고 상대성이론이 GPS에도 쓰인다고 아무리 이야기해봐야 들어주는 사람도 별로 없는 한국의 현실에서, 영화 한 편 때문에 수백만 명의 관객들이 블랙홀과 웜홀과 시간지연과 양자중력을 이야기하면서 현대물리학에 관심을 가지게 되었다는 사실 자체가 거의 기적에 가깝다.

〈인터스텔라〉가 정작 미국에서 크게 흥행하지 못한 반면 한국에서 돌풍을 일으키고 있는 데는 여러 가지 이유가 있을 것이다. 배급사 독식 문제를 이야기하는 사람도 있고, 한국인 특유의 쏠림 현상, 왕따 당하지 않으려는 습성 등을 이유로 꼽는 사람들도 있었다. 하지만 내가 생각하는 가장 중요한 원인은, **과학과 자연의 원리와 우주의 질서를 알고 싶어 하는 원초적인 욕망을 한국사회에서 제대로 해결하지 못한 억눌림이 〈인터스텔라〉를 계기로 폭발한 덕분이 아닐까 싶다.** 한국의 기초과학 현실이 열악하고 과학문화 자체가 일천한 것은 더 이상 말할 필요도 없다. 그러나 지난 몇 년 동안 여기저기 대중강연을 다니면서 나는 우리 이웃들이 과학을 알고 싶어 하고 자연의 근본원리를 들춰보고자 하는 욕망과 잠재력이 상당하다는 것을 피부로 느낄 수 있었다. 불행하게도 아직 한국 사회는 그런 욕망을 충족시킬 장치가 별로 없다.

그래서 나는 〈인터스텔라〉의 폭발적인 흥행이 한편으로 반가우면서도, 다른 한편으로는 우리의 씁쓸한 현실이 떠올라서 안타까웠다. 영화 속의 NASA는 미국에서조차 천덕꾸러기로 전락한 설정으로 나온다. 한국의 기초과학은 원래 천덕꾸러기였다. 당장에 돈벌이가 되지 않는 분야는 정부의 지원이나 사회의 관심에서 멀어진 지 오래이다. 대학에서 구조조정 이야기가 나올라치면 가장 먼저 도마에 오르는 학과가 물리학과 같은 기초과학 분야 학과들이다. 취업률이 낮다, 연구비도 못 따온다, 논문도 못 쓴다, 기타 등등의 이유로 생존조차 위협받는 경우가 많다.

몇 달 전 지방의 어느 대학 물리학과에 강연을 하러 갔을 때의 일이다. 대개는 강연이 끝난 뒤 학과 교수님들과 함께 식사를 하며 여유롭게 담소를 나누는 것이 관례인데, 그날 그 학과 교수님들은 그러지 못했다. 대학에서 물리학과가 구조조정 대상에 올라 저녁 식사 뒤에도 대책회의가 예정돼 있었다.

미국이 NASA를 처음 만든 것은 소련이 스푸트니크를 쏘아 올렸을 때 받은 충격, 이른바 스푸트니크 충격 때문이었다. 그러나 미국은 NASA만 만들지 않았다. 더 중요하게는 공교육에서 수학과 물리학 등 기초과학 교육구조를 전면적으로 개편했다. 이전까지 실용성을 강조했던 과학교육이 스푸트니크 충격을 계기로 원론적이고 본질주의적으로 바뀌었다. 기초학문의 중요성이 높아진 것은 물론이다. 이런 변화가 교육학적으로 과연 옳은 일이었는가는 별도로 따져봐야 할 문제일 것이다. 내가 하고 싶은 말은, 미국이 위기에 대처하는 방식이 대단히 근본적이고 전면적이었다는 점이다. 한국도 2020년이면 달 탐사선이 뜬다고 하는데, 과연 우리는 지금 얼마나 기초학문을 중시하고 있는지, 잘못된 교육제도와 내용을 전면적으로 뜯어고칠 의지가 과연 있는지부터 먼저 돌아봐야 하지 않을까?

아니, 그 전에 우리는 미국이 스푸트니크 충격을 받고 느꼈을 법한 절박함이나 위기감을 조금이라도 가지고 있을까 그것이 궁금하다. 단적인 예를 들자면, 우리는 늘 이웃 나라 중국을 업신여기는 경향이 있지만 이미 중국은 선저우라는 유인 우주선을 띄워 올렸고 톈궁이라는 우주정거장도 가지고 있다. 톈궁은 영화 〈그래비티〉에도 등장한다. 왜 우리에게는 선저우 쇼크나 톈궁 쇼크가 없을까? 그런 쇼크를 느끼지 않아도 되는 것일까? 우주선이나 우주정거장이 문제가 아니라, 기초과학이 이렇게 죽어가는 현실 속에서 우리는 정말 이런 식으로 살아도 괜찮은 것일까 하는 근본적인 질문을 던져봐야 하지 않을까?

우리나라의 기초과학 현실이 어떠냐고 질문을 받을 때마다 나는 주요 대학의 물리학과 교수진이 몇 명인지 알려준다. 서울대 43명, 카이스트 31명, 연세대 25명, 그리고 고려대 23명이다. 선진국의 물리학과는 이렇다. 하버드 65명, 프린스턴 74명, MIT 82명, 킵 손이 있는 칼텍이 55명, 도쿄대 100명 이상, 도호쿠대 175명, 나고야대 55명…. 이렇게 소개하면 절반 정도는 인구 대비나 GDP 대비로 봤을 때 그리 적은 숫자가 아니지 않느냐고 되묻곤 한다. 이때 내가 자주 드는 사례가 있다.

2000년대 초반 한국의 조선업이 아주 활황이어서 세계 10대 조선소에 한국 업체가 7개씩 올라 있고 상위 1, 2, 3위는 국내 순위와 세계 순위가 똑같았던 시절의 이야기이다. 그 무렵 한국의 업체가 보유하고 있던 선박설계 전문 인력의 숫자가 대략 H사 1,300여 명, D사 2,000여 명, S사 1,200여 명이었다. 당시 일본에서는 비슷한 수준의 설계인력이 일본 전체를 통틀어 약 2,000명 정도에 불과했다. 왜 조선업에서는 인구 대비나 GDP 대비라는 말이 성립하지 않을까? 내 생각은 이렇다. 과잉중복투자라는 말이 나올 정도로, 압도적인 비대칭적 투자가 이루어졌기 때문에 한국 조선업이 세계 최고가 될 수 있었던 것은 아닐까?

한국의 다른 분야도 마찬가지이다. 자원도 없고 자본도 없고 땅도 좁고, 믿을 것은 오직 사람밖에 없는 이 나라에서 모든 것을 인구 대비나 GDP 대비로만 맞춰서 한다면 그것은 겨우 현상유지만 할 뿐이다. 인구나 GDP대비라는 말은 결국 남들 하는 만큼만 하겠다는 이야기 아닌가. 만약에 한국의 기초과학이 지금 세계 최고 수준이라면 지금 해오던 대로, 또는 남들 하는 만큼만 해도 상관이 없을 것이다. 아쉽게도 그것은 우리의 현실이 아니다.

어떤 분야가 자생력을 가지려면 최소한의 규모는 갖춰야 한다. 그 수준이 어느 정도인지 정확하게는 모르겠지만, 지금 우리 형편은 자생력을 가질 수 있는 임계값에 훨씬 못 미친다는 것만은 분명해 보인다. 절대적인 숫자가 부족하다 보니 당연히 커버하지 못하는 부분이 생길 수밖에 없다.

현재 공과대 소속인 나는 공과대 대학원생들에게 현대물리학의 기본원리와 그 성과를 소개하는 교양과목 수업을 진행 중이다. 물리학과 대학원생도 한둘 수강하고 있다. 지금 물리학과에는 일반상대성이론이나 우주론 수업이 없다. 물리학과 대학원을 졸업해도 아인슈타인의 중력장 방정식을 구경하지 못할 수도 있는 상황이다. 다른 대학의 형편도 크게 다르지 않을 것이다. 한국에는 중력을 연구하는 사람이 많지 않아서 일반상대성이론을 제대로 가르치는 대학이 별로 없을 것이다. 〈인터스텔라〉에 열광하고 달 탐사선을 보내본들 속빈 강정일 뿐이다. 영화를 본 뒤 궁금해서 상대성이론이나 블랙홀 등 관련 내용들을 알아보려고 해도 한글로 된 정보가 별로 없었을 것이다. 지금 우리의 현실이 그렇다. 원자 이하의 단위에서 입자물리학을 연구하는 내가 전공분야도 아닌 거대한 스케일의 우주나 중력이나 블랙홀에 대해 이렇게 이야기를 풀어놓게 된 것도 그런 현실의 결과이다.

〈인터스텔라〉는 이래저래 모두에게 이야깃거리를 많이 던져주는 영화이다. **영화를 보고 나면 인류와 지구와 우주와 과학과 미래에 대해 무엇이든 이야기를 하고 싶어진다.** 나는 이 점이 〈인터스텔라〉의 가장 큰 미덕이라고 생각한다. 과학자가 아니어도 과학적인 사고를 하게 되고 자연의 원리와 질서를 고민하게 된다. 책으로 강의로 백번 과학수업을 하는 것보다 더 낫다. 왜냐하면 이것이 우리 인류에게 얼마나 중요한 문제이고 가치 있는 일인지 직접 느낄 수 있기 때문이다.

어느 방송사와의 인터뷰 때 이런 질문이 있었다.

"⟨인터스텔라⟩를 한마디로 요약하면 (   )이다."

질문지를 미리 받고 몇 시간을 고민한 끝에 나는 이런 답을 얻었다.

"⟨인터스텔라⟩를 한마디로 요약하면 (SF영화의 '인듀어런스 호')이다."

아직 충분히 만족스럽지 못한 부분도 있지만 ⟨인터스텔라⟩는 앞으로 나올 SF영화에 어떤 가이드라인을 제시한 것만은 분명하다. 아무런 기약도 없는 대우주의 망망대해로 인듀어런스호가 유유히 뛰어들듯, ⟨인터스텔라⟩는 과학과 영화의 전례 없는 콜라보를 통해 SF의 새로운 가능성의 바다로 뛰어들었다. 그 열정과 탐험정신이 관객들의 마음을 움직여 가슴에 품었던 이야기를 풀어내게 한 원동력이다. 놀란 감독은

〈인터스텔라〉를 통해 어쩌면 21세기의 오디세우스가 되고픈 자신의 야망을 우주의 대서사시로 풀어냈는지도 모르겠다.

영화를 보는 내내 과학자로서의 자부심과 뿌듯함을 느낄 수 있어서 행복했다는 말도 남기고 싶다. 영화를 본 사람들에게 나는 꼭 이렇게 이야기하곤 한다.

"잊지 말라.

우주탐사의 선봉에 과학자가 있었음을.

입자물리학자도 빠지지 않았음을."

아마도 이것은 머지않은 미래의 현실에서도 사실일 것이다.

에필로그

비밀 프로젝트를 마치며

건국대학교의 일감호를 바라보며 한 사장님과 일을 시작하자고 통화를 한 다음 날 아침, 중대한 변수가 생겼다. 나는 그 사건을 요약해서 몇 시간 뒤에 SNS에 다음과 같은 글을 올렸다.

"비밀 프로젝트"

며칠 전 동아시아의 한성봉 사장님께서 전화로 기가 막힌 제안을 하셨다. 영화 〈인터스텔라〉가 개봉하면 그것을 과학적으로 해설하는 책을 번개처럼 제작해서 내자는 것이었다. 원고지

400~500매 정도의 가벼운 분량으로. 마침 그 며칠 뒤에 내가 영화 시사회에 갈 일이 있어서 참 잘되었구나 싶었다.

일단 영화를 보고 나니까 기대감이 컸던 탓인지 그다지 감동이 밀려오지는 않았다. 그래도 이 영화를 계기로 해서 우주여행, 또는 우주 자체와 관련된 물리 이야기를 하는 것은 나름 의미가 있겠다 싶었다. 그래서 이튿날(그것이 어제 수요일) 사장님과 전화로 이야기하며 최종적으로 작업에 돌입하기로 했다.

이 책은 최대한 빨리 나오는 것이 관건이라 원고 1차 마감은 11월 8일로 잡았다. 내게 주어진 시간은 열흘 남짓. 안 그래도 이번 달에는 이래저래 바쁘게 생겼는데 열흘 안에 글을 다 써야 하는 부담이 사실 만만치 않았다. 물론 예전에 학생운동 하던 시절에는 일주일에 원고지 1,000매 정도 쓰기도 했었지만…. 그때야 팔팔한 20대였고 또 니코틴의 힘을 빌리기도 했었으니까 가능한 이야기.

아무튼 내 나름 큰 결심을 하고 작업을 진행하기로 했다. 그래서 어제부터 완전히 전투모드로 돌입했다. 이번 주 수업과 3일 외부강연과 11/7 수업준비를 최대한 빨리 다 끝내놓고 다음 주 중반 이후 사나흘 몰아서 쓸 작정이었다. 마침 지금 동료들과 함께 리서치하고 있던 물리논문 작업은 약간 소강상태라 그나마 부담을 좀 덜 수 있을 것 같았다.

그러던 오늘 낮에 사장님한테 전화가 왔다.

"그 영화 자문했던 킵 손이 300쪽 넘는 책을 곧 낸답니다. 미리 다 준비해뒀었다고."

"네⋯⋯."

그래서 이 프로젝트는 접기로 했다. ─.─;

갑자기 시간이 많아졌다.

원고 쓰기로 예정한 시간에 저번에 받은 교정지나 봐야겠다."

맥이 팍 풀리는 기분이었다. 킵 손은 영화를 준비하면서 책도 같이 준비한 모양이었다. 그 책이 영화와 함께 세상에 처음 나온다고 하니, 우리가 여기서 아무리 책을 잘 만들어봐야 '오리지널'이 나오는 마당에 무슨 소용인가 싶었던 것이다. 킵 손이 쓴 책의 제목은 『The Science of Interstellar』이다. 영화 〈인터스텔라〉와 관련된 책이 하나 나온다면 바로 이 제목으로, 바로 그 저자가 쓴, 바로 이런 책일 것이다.

아쉽기도 했지만 그 짧은 시간에 많은 원고를 써야 하는 부담도 만만치 않아서 차라리 잘되었다는 생각도 들었다. 아직 학기가 끝난 것도 아니어서 따로 글 쓰는 시간을 만드는 것이 쉽지 않을 것으로 예상했다. 이 포스팅에는 프로젝트가 무산된 것을 아쉬워하는 댓글이 꽤 달렸다. 책을 안 내는 대신에 일간지 원고를 써달라는 청탁도 들어왔다. 시간도 많아졌는데 그런 청탁쯤이야. 그 와중에 두 차례에 걸친 교내 글쓰기 강연 요청도 들어와서 갑자기 비어버린 원고 집필 시간을 강연준비로 활용할 수 있게 되었다.

다시 반전이 일어난 것은 그다음 날이었다. 출판사의 막내 편집자인 강태영 씨가 이대로 덮는 것은 너무 아깝다며 메시지를 보내왔다. 전날 SNS에 올린 포스팅에 대한 주위 사람들의 반응도 꽤 작용을 했던 것 같다. 한번 접었던 마음이라 다시 마음을 고쳐먹기가 쉽지 않았다. 마침 그날도 금요일. 한 사장님이 처음 〈인터스텔라〉로 전화를 건 지 꼭 일주일 만이다. 그 일주일 동안에 참 많은 일이 있었다. 아무것도 한 일은 없는데 마음만 혼자 롤러코스터를 타고 오르락내리락했던 시간이었다. 일주일 전이나 그때나 금요일은 여전히 수업 때문에 정신이 없어서 쉽게 결정을 내리지 못했다. 하필이면 하루 이틀 새 원고와 강연요청이 몇 개 들어와 거절하지 못하는 바람에, 다시 원고를 쓰게 되면 체력적으로 내가 버틸 수 있을지부터 의문이었다.

마침 그날 수업할 내용은 우주론의 핵심이라고 할 수 있는 FLRW 우주론이었다. '안드로메다은하 탐사선을 설계하라'라는 과제물 제출기한이 2주 남은 시점이라 수업 시작 때 학생들에게 제출마감이 얼마 남지 않았음을 상기시켰다. 그리고 그 주 화요일 〈인터스텔라〉 시사회에 다녀온 이야기를 자랑삼아 늘어놓으며 과제물 작성에 도움이 될 터이니 개봉하면 가서 보라고 추천까지 했다. 한국 개봉까지는 5일 정도 남은 시점이었다. 그렇게까지 말하고 나니 어찌 되었든 이 원고를 써야 할 팔자인가 보다 싶은 생각이 솟구치기 시작했다. 사람 마음이란 참 묘해서 별로 의미 없는 계기를 핑계 삼아 자신의 결정을 정당화하는 경우가 더러 있다. 이날의 내 심정이 꼭 그랬다.

다시 프로젝트를 시작하기로 한 뒤에는 민망해서라도 "접었던 프로젝트를 다시 하기로 했습니다" 하고 동네방네 유세할 이유가 없었다. 11월 9일 원고를 쓰기 시작해서 25일 마감에 맞추기까지 나는 정상적인 삶을 포기하고 살았다. 아마도 밤을 새지 않은 날이 절반도 되지 않았을 것이다. 하필이면 11월 내내 예전부터 잡혀 있었던 약속도 많았고, 처음 프로젝트를 잠깐 접었던 그 짧은 순간에 새로운 일들이 밀고 들어오는 바람에 하루에도 여러 가지 종류의 일을 동시다발적으로 처리하면서 원고를 써야 했다.

"한 번 작두만 올라타시면 그깟 원고쯤이야⋯."

일을 시작하기 전부터 한 사장님은 연신 작두 타령이었다. 물리학자를 붙잡고 과학책을 내면서 작두라니, 이런 개작두 같은 소리가 어디 있을까 속으로 생각하면서도, 글이 나오지 않아 원고와 씨름하던 매 순간마다 나는 어디선가 정말 신기라도 내려앉아 나의 손가락이 저절로 문장을 써 내려갔으면 얼마나 좋을까 생각하곤 했다.

사실 나는 언젠가 우주에 관한 책을 쓰고 싶었다. 내가 우주에 대해서 많이, 또는 잘 알아서가 아니라 책을 쓰면 공부가 되기 때문이다. 하지만 그것이 가까운 미래의 일이라고는 생각하지 않았다. 밀려 있는 다른 원고들부터 처리하는 일이 내게는 더욱 급했다.

그 원고들 중에는 일반상대성이론과 관련된 원고도 있었

다. 2011년 말에 초고를 완성했으니까 벌써 만 3년에 접어들고 있는 실정이다. '2011년 원고'는 내게 좀 각별하다. 2009년 나는 과학을 전혀 전공하지 않은 일반인들을 대상으로 아인슈타인의 중력장 방정식을 공부하는 강의를 진행한 적이 있었다. 교양과학서를 읽으며 과학 공부를 하던 독서동호회에서 만난 어느 샐러리맨이, 일반상대성이론 100주년이 되는 2015년 전에 아인슈타인의 중력장 방정식을 손으로 직접 풀어보고 싶다고 내게 부탁하면서 그 일은 시작되었다. 중력장 방정식은 대개 물리학과 대학원 과정에서 배우는 내용이다. 이 방정식은 기본적으로 미분방정식이어서 미적분을 자유자재로 다루지 못하면 전혀 풀 수가 없다. 아무리 교양과학서를 많이 읽어도 수학으로 직접 물리학을 배우는 것은 전혀 다른 차원의 문제였다.

그래서 아예 고등학교 미적분부터 다시 차근차근 시작해서 대학교 과정의 미적분학, 일반물리학 등을 거쳐 중력장 방정식까지 이르는 강의를 함께 기획하게 되었다. 고등학교 수학의 집합단원에서 출발하여, 아인슈타인의 중력장 방정식을 이용해 표준우주론의 핵심인 프리드만 방정식을 푸는 것이 최종 목적지였다. 독서동호회 사람들의 호응은 뜨거웠고, 나는 그해 12개월 동안 한 달에 한 번씩 5시간 강의를 12번 진행했다. '2011년 원고'는 그 내용을 담고 있다.

과학에 관심이 있는 분들이 수학을 직접 배워서 물리학을 이해하는 과정을 기록한 것이어서 원고에는 수식이 많이 들어갈 수밖에 없었다. 출판사를 두 번이나 바꾸는 우여곡절 끝에 지난 10월 말에 제대로 된 교정지가 내 손에 들어왔다. 초고를 완성한 지 거의 3년 만이었다. 우주와 관련된 책을 내더라도 '2011년 원고'를 추월할 수는 없는 노릇이었다.

하지만 세상일이라는 것이 사람 뜻대로 되지 않는다. 세상은 내가 100% 준비될 때까지 기다려주지 않는다. 내가 우주와 관련된 책을 이런 식으로 이렇게 빨리 내게 될 줄은 정말 생각지도 못했다. 모든 원고는 다 제 운명이 있는 모양인지, 3년이 지나도 빛을 보지 못하는 원고가 있고 3주일 만에 세상에 나오는 원고도 있다.

이 작업을 하는 동안 나는 '2011년 원고'에 미안한 마음을 가졌다. 문득 2009년 1월, 첫 강의를 했던 때가 생각났다. 나는 그때 내가 과학자로서 세상 사람들과 배움을 나누면서 살아가야겠다는 심정으로 강의를 시작했던 기억이 떠올랐다. 그 기억은 짧은 시간에 이 원고를 완성할 수 있도록 내게 큰 힘을 보태주었다.

한성봉 사장님이 애초에 나를 작두에 올려 태우지 않았으면, 그리고 사장님의 마음을 돌리면서까지 한 번 엎어진 작업을 다시 일으켜 세운 편집자 강태영 씨의 뚝심이 없었더라면 이 책은 세상에 나오지 못했을 것이다. 급한 일정 속에서 원활한 작업 진행을 도와준 안상준 편집팀장과 예쁜 그림을 그려준 김명호 작가에게도 감사의 말을 남긴다.

육체적으로는 무척 힘들고 고통스러웠지만, 이 글을 쓰는 내내 물리학자로서 드라마 속 월천대사와는 다르게 살 수 있는 기쁨을 느낄 수 있어서 행복했다. 수업시간 학생들에게 인생의 극한을 한 번은 경험해보는 것이 좋다는 말을 하곤 했었는데, 〈인터스텔라〉 덕분에 중년의 나이에 나도 그런 경험을 하게 되었다.

"고마워요, 놀란."